现代 PVD 表面工程技术及应用

张而耕　吴　雁　编著

科学出版社

北　京

内 容 简 介

本书系统全面地阐述了PVD（物理气相沉积）涂层的发展历史、技术原理、工艺流程及工程应用。全书共7章，内容包括：PVD涂层的研究进展、PVD技术原理、PVD涂层技术工艺、PVD涂层的结构与性能、PVD涂层的化学成分控制、PVD涂层的质量控制，以及PVD涂层在现代工业上的应用。本书叙述深入浅出，内容丰富而精炼，工程实践性强，在强化理论的同时，重点突出了工程应用。

本书作为国内为数不多的介绍现代PVD技术原理与工程应用方面的著作，可用作高等工科院校机械工程类、工程材料类、表面工程类及相关制造类专业的本科生和研究生教材，也是工程技术人员和相关学科的科研工作者及大中专学生、研究生的重要参考资料，特别是对于从事实际生产工作的工程技术人员具有重要的指导作用。

图书在版编目(CIP)数据

现代PVD表面工程技术及应用/张而耕，吴雁编著. —北京：科学出版社，2013.6

ISBN 978-7-03-037714-2

Ⅰ.①现… Ⅱ.①张…②吴… Ⅲ.①气相沉积涂层 Ⅳ.①TG174.42

中国版本图书馆CIP数据核字（2013）第121014号

责任编辑：李岚峰 张丽花/责任校对：鲁 素

责任印制：徐晓晨/封面设计：迷底书装

科学出版社出版

北京东黄城根北街16号

邮政编码：100717

http://www.sciencep.com

北京凌奇印刷有限责任公司印刷

科学出版社发行 各地新华书店经销

*

2013年6月第 一 版 开本：720×1000 B5

2025年12月第十三次印刷 印张：11 1/2

字数：232 000

定价：98.00元

（如有印装质量问题，我社负责调换）

序

物理气相沉积（Physical Vapor Deposition，PVD）是一种在真空条件下采用物理方法，将固体或液体材料表面气化成气态原子、分子或部分电离成离子，并通过低压气体（或等离子体）过程，在基体表面沉积具有某种特殊功能薄膜的技术。物理气相沉积的主要方法包括真空蒸镀、溅射镀膜、电弧等离子体镀、离子镀、电子束蒸镀及分子束外延等。物理气相沉积技术不仅可以沉积金属膜、合金膜，还可以沉积化合物、陶瓷、半导体、聚合物膜等，是具有广泛应用前景的新材料制造技术。采用此技术制备的超硬薄膜不仅具有超高硬度，且超薄、耐高温、无污染、几乎零排放，适合于工具、零件和摩擦磨损件表面的耐磨损、抗氧化、防腐蚀、自润滑等特殊性能要求，是现代表面工程技术中最有发展前途和应用价值的一种技术。物理气相沉积技术在国内外虽有大量研究和应用，但是系统地阐述其原理、工艺和应用案例方面的著作少之又少。张而耕等研究人员结合长期对物理气相沉积技术的认识和实践，编写了这本《现代 PVD 表面工程技术及应用》。该书从理论及应用实践角度出发，系统地论述了物理气相沉积的原理基础、工艺过程、检测方法、应用案例和发展前景，是工程技术人员和相关学科的科研工作者及大中专学生、研究生的重要参考资料，对于普及、传播和应用物理气相沉积技术具有重要的推动作用。

该书在编写过程中力求简化抽象的理论，言简意赅，深入浅出，采用了大量的实物图片来说明问题，将理论和实践生动、紧密地结合起来。更为可贵的是，该书重点突出了工程应用这一主题，所以对于指导生产实际具有重要的参考价值。

国家杰出青年科学基金获得者，同济大学教授

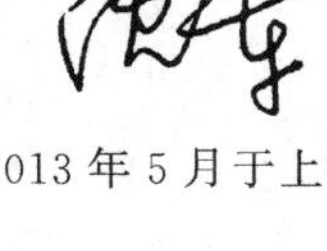

2013 年 5 月于上海

前　　言

PVD（物理气相沉积）技术出现于20世纪70年代末，该技术制备的薄膜具有硬度高、摩擦系数低、耐磨性和化学稳定性好等优点。其最初在高速钢刀具领域的成功应用引起了世界各国制造业的高度重视，人们在开发高性能、高可靠性涂层设备的同时，也在硬质合金、陶瓷类刀具中进行了更加深入的涂层应用研究。与CVD（化学气相沉积）工艺相比，PVD工艺处理温度低，在600℃以下时对刀具材料的抗弯强度无影响；薄膜内部应力状态为压应力，更适于对硬质合金精密复杂刀具的涂层处理；PVD工艺对环境无不利影响，符合现代绿色制造的发展方向，是典型的无污染、零排放技术。随着现代工业发展与环境保护之间的矛盾越来越突出，人们对产品的质量和服役寿命提出了更高的要求，PVD表面工程技术正是在这一背景下应运而生的。它具有传统表面处理（如电镀、化学镀、热浸镀、热喷涂等）无可比拟的优点——超硬、超薄、自润滑、耐高温、无污染等，这些特点决定了PVD技术是现在和未来表面加工处理的主要技术之一。

PVD表面工程处理技术不仅可用于刀具、模具和摩擦磨损件表面的加硬、润滑和耐磨处理，未来还可用于汽车零部件、机械零件及航空航天等零件的表面处理，并且对零部件的表面耐磨损、抗腐蚀、自润滑产生无可替代的作用，是减少汽车污染、降低能耗的主要环保技术。

国外对这一技术的应用已经比较多，而国内相比于国外，在这一技术方面的差距至少为10年。同时迄今还没有一本系统介绍这一技术的著作，也没有相关的参考标准，很多涂层制造和检测标准都来自欧洲。由于作者从事该行业多年，参与了多项有关PVD表面工程技术的应用和研发工作，所以对这一技术的价值及应用前景具有深刻的理解，并由此产生了编著本书的想法。希望本书对指导工程技术人员开发和应用PVD技术、并对拓展大中专学生及研究生对先进制造技术的理解和运用能够发挥一定的作用。

全书共7章。第1章总体介绍PVD技术的现状、发展及研究情况；第2章主要介绍PVD技术的原理、各类PVD技术的组成、分类及其应用领域；第3章主要介绍PVD技术的工艺过程，包括前处理、涂层及后处理工序，也阐述了制备品质优良的表面涂层的方法；第4章主要从微观领域介绍PVD涂层作为一种新材料的结构特点、组成及影响其性能的因素；第5章介绍生产过程中如何制备性能各异和不同应用范围的涂层；第6章介绍PVD涂层的各种检测手段，确保生产出合格涂层产品；第 7 章介绍 PVD 涂层的工程应用，阐述这一技术的应用价值，其中很多案例来自作者的亲身经历。

本书力求反映当前新材料和制造领域的先进技术、先进理念及其应用，在编写上具有如下特点。

(1) 理论与应用实践紧密结合。本书注重阐述 PVD 先进技术理念，结合科学理论与工程实践，提供大量的案例以及实物图片，使读者易于理解和领会。

(2) 生产实际和工程技术相结合。本书所阐述的内容基本上都是在生产实践的基础上进行概括和浓缩的结果，并把抽象的科学理论与工程技术相结合，便于读者在实践中掌握和应用。

(3) 系统性和前瞻性相结合。PVD 先进技术与其他科学技术一样是不断发展的，作者在本书中阐述了现代 PVD 表面技术的应用，也展望了其在未来的应用领域，对于读者开阔视野、不局限于一本书的范畴具有重要的意义，同时也鼓励读者勇于创新、开拓具有美好前景及重要价值的 PVD 工程应用领域。

(4) 通俗易懂。本书既考虑了对这一技术非常了解的工程技术人员的技能需求，同时也通过大量的现场照片展示了生产的实际过程，对于不懂这一技术的初学者也具有循序渐进的引导作用。

本书第 1～3 章、第 6、7 章由上海应用技术大学张而耕教授编写；第 4、5 章由马来西亚 Stev Chuah 先生编写；上海名古屋精密工具股份有限公司技术开发担当孙思叡协助编写第 4～7 章并提供了大量的实物图片；上海高罗输送装备有限公司的任英广总经理审阅了本书，并提出了宝贵的修改意见；全书由上海应用技术大学吴雁博士统稿。

本书在编著过程中得到了上海应用技术大学张锁怀教授的大力支持和帮助，华东理工大学王志文教授和上海应用技术大学的张东民教授、付泽民博士也提出了宝贵的修改意见，在此表示衷心的感谢！同时也感谢研究生张体波、周铿为本书出版所付出的努力！

由于时间仓促，再加上作者水平有限，书中难免有不足之处，敬请读者批评指正。

作　者

2013 年 3 月

目　　录

序
前言
第 1 章　PVD 涂层的研究进展 …… 1
1.1　PVD 涂层技术概述 …… 6
1.1.1　真空涂层技术的发展 …… 6
1.1.2　PVD 涂层的基本概念及其特点 …… 7
1.1.3　现代涂层设备 …… 8
1.2　PVD 涂层技术的研究概述 …… 11
1.2.1　硬质合金涂层的特点 …… 12
1.2.2　硬质合金的涂层方法 …… 12
1.2.3　高温化学气相沉积涂层 …… 12
1.2.4　物理气相沉积涂层 …… 13
1.2.5　等离子化学气相沉积涂层 …… 13
1.2.6　中温化学气相沉积涂层 …… 14
1.2.7　离子辅助物理气相沉积涂层 …… 14
1.2.8　涂层硬质合金的种类 …… 15
第 2 章　PVD 技术原理 …… 19
2.1　PVD 涉及的真空基础与概论 …… 19
2.1.1　真空概念 …… 19
2.1.2　真空区域的划分 …… 19
2.1.3　与 PVD 相关的低温等离子体概述 …… 20
2.1.4　真空获得与抽气概念 …… 21
2.1.5　PVD 与水电镀的比较 …… 23
2.2　蒸镀技术 …… 23
2.2.1　真空蒸发的原理 …… 23
2.2.2　真空蒸发的优缺点 …… 24
2.2.3　真空蒸发镀膜过程 …… 24
2.2.4　饱和蒸汽压相关理论 …… 25
2.2.5　蒸发所需热量和蒸发离子的能量 …… 28
2.2.6　蒸镀的分类 …… 30
2.3　磁控溅射技术 …… 34

2.3.1　溅射镀膜原理 …… 34
2.3.2　直流溅射 …… 38
2.3.3　直流磁控溅射 …… 38
2.3.4　射频溅射 …… 41
2.3.5　脉冲溅射 …… 49
2.4　阴极电弧技术 …… 53
2.4.1　真空阴极弧的发展历程 …… 53
2.4.2　脉冲偏压阴极弧镀膜 …… 57
2.4.3　阴极电弧制备薄膜的应用 …… 59
2.4.4　阴极电弧等离子体沉积技术的优点及特性 …… 60
2.4.5　阴极电弧等离子体沉积技术 …… 63
2.5　不同涂层技术之间的比较 …… 64
第3章　PVD涂层技术工艺 …… 65
3.1　PVD涂层的前处理工艺 …… 66
3.1.1　清洗 …… 66
3.1.2　去毛刺 …… 71
3.1.3　喷砂 …… 72
3.1.4　抛光 …… 79
3.2　PVD涂层的制造工艺 …… 82
3.3　PVD涂层的后处理工艺 …… 84
3.4　PVD涂层的退涂层工艺 …… 86
第4章　PVD涂层的结构与性能 …… 88
4.1　气相沉积技术概述 …… 88
4.1.1　气相沉积技术及其分类 …… 88
4.1.2　PVD和CVD的技术特性比较 …… 89
4.1.3　PVD涂层的发展趋势 …… 89
4.2　PVD涂层的组织结构 …… 91
4.2.1　涂层的组织形貌 …… 91
4.2.2　涂层的晶体结构 …… 92
4.3　PVD涂层的物理性能 …… 95
4.3.1　涂层的硬度 …… 95
4.3.2　涂层的结合力 …… 95
4.3.3　涂层的内应力 …… 96
4.3.4　涂层的抗弯强度 …… 96
4.3.5　涂层的断裂韧性 …… 97
4.3.6　涂层的摩擦磨损性能 …… 98

4.4 PVD涂层的化学性能 …… 99
4.4.1 不同涂层试样的氧化动力学分析 …… 99
4.4.2 不同涂层试样氧化后的组织形貌分析 …… 101
第5章 PVD涂层的化学成分控制 …… 103
5.1 PVD涂层的靶材选择 …… 103
5.1.1 靶材的分类和形状 …… 103
5.1.2 靶材的性能与要求 …… 106
5.1.3 靶材的制造工艺 …… 106
5.1.4 靶材的利用率 …… 107
5.1.5 靶材的选择注意事项 …… 110
5.1.6 钛铝靶材制造及应用 …… 110
5.1.7 新靶材应用：铬硅、钛硅、钛铝硅靶 …… 111
5.2 PVD涂层的主要设备 …… 111
5.2.1 真空蒸发镀膜原理 …… 111
5.2.2 PVD电弧离子镀原理 …… 112
5.2.3 PVD磁控溅射原理 …… 112
5.2.4 PVD镀膜设备组成 …… 114
5.3 PVD的微纳米化 …… 117
5.3.1 纳米涂层的优点 …… 117
5.3.2 PVD制备纳米涂层 …… 118
5.3.3 纳米涂层未来需要解决的问题 …… 119
第6章 PVD涂层的质量控制 …… 120
6.1 PVD涂层的外观检验 …… 120
6.1.1 剥落 …… 120
6.1.2 色差 …… 120
6.2 涂层厚度与检测 …… 121
6.2.1 涂层厚度的定义 …… 121
6.2.2 PVD涂层的厚度检验 …… 121
6.3 PVD涂层的结合力检验 …… 124
6.3.1 划痕测试法 …… 125
6.3.2 压痕测试法 …… 125
6.3.3 球痕测试法 …… 128
6.4 PVD涂层的硬度检验 …… 128
6.4.1 维氏硬度 …… 128
6.4.2 努氏硬度 …… 129
6.4.3 维氏硬度与努氏硬度比较 …… 130

6.5 PVD 涂层的内应力与测量 …… 131
6.5.1 应力简介 …… 131
6.5.2 应力测试方法 …… 131
6.6 PVD 涂层的微观特性评价与检测 …… 132
6.6.1 涂层成分 …… 133
6.6.2 晶体结构 …… 133
6.6.3 组织形貌 …… 134
6.7 涂层的耐磨性测试 …… 135
6.8 涂层的耐蚀性测试 …… 136
6.9 涂层的热耐疲劳测试 …… 138
第 7 章 PVD 涂层在现代工业上的应用 …… 139
7.1 PVD 涂层在冲压/成型模具上的应用 …… 141
7.1.1 冲压模具 …… 142
7.1.2 成型模具 …… 143
7.1.3 案例 …… 144
7.2 PVD 涂层在铝合金压铸模具上的应用 …… 144
7.2.1 铝合金压铸模的失效模式及分析 …… 144
7.2.2 铝合金压铸模具表面 PVD 涂层处理 …… 147
7.2.3 案例 …… 148
7.3 PVD 涂层在注塑模具上的应用 …… 148
7.3.1 注塑模具遇到的问题 …… 148
7.3.2 注塑模具的分类处理 …… 150
7.3.3 注塑模具应该具备的性能 …… 151
7.3.4 案例 …… 152
7.4 PVD 涂层在现代切削刀具上的应用 …… 153
7.4.1 现代金属切削对刀具的要求 …… 153
7.4.2 刀具硬质涂层新材料 …… 155
7.4.3 提高涂层刀具使用效果的方法 …… 159
7.4.4 案例 …… 160
7.5 PVD 涂层在摩擦磨损件上的应用 …… 160
7.5.1 机械零部件的摩擦和磨损 …… 160
7.5.2 类金刚石涂层在机械零部件上的应用 …… 163
7.6 PVD 涂层应用展望 …… 167
参考文献 …… 168

第 1 章　PVD 涂层的研究进展

PVD 是英文 Physical Vapor Deposition 的缩写形式，意思是物理气相沉积。现在一般把真空蒸镀、溅射镀膜、离子镀等都称为物理气相沉积，它是现代表面工程一种重要而又实用的先进技术。表面工程是将机械制造和新材料结合的绿色应用技术，是先进制造技术和纳米材料的一个分支。表面工程中的 PVD 涂层技术是目前应用最广同时也是最有价值的一类表面技术，涉及新材料、制造、模具成形、注塑、汽车零部件、控制等应用领域。

物理气相沉积（PVD）是一种表面处理的标准化称谓。从高精密加工刀具（见图 1-1）、装饰件、高要求机械零部件（见图 1-2）到各类模具（见图 1-3）等都具有很广泛的用途，它是一种真正能够获得微米级涂层且无污染的环保型表面处理方法，且在不影响工件原来尺寸的情况下，PVD 膜可用来改善表面的外观，提高表面的强度，增强耐磨性，而且具有很好的导热、防腐蚀、自润滑及抗刮擦的能力。

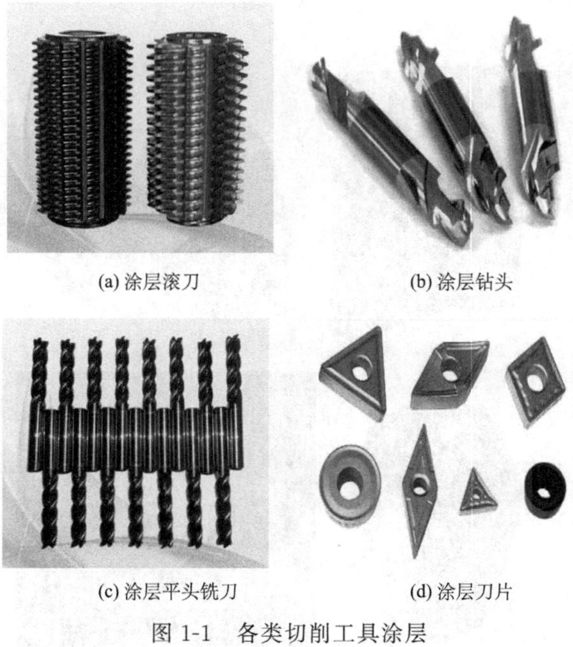

(a) 涂层滚刀　(b) 涂层钻头

(c) 涂层平头铣刀　(d) 涂层刀片

图 1-1　各类切削工具涂层

图 1-2　各类机械零部件涂层

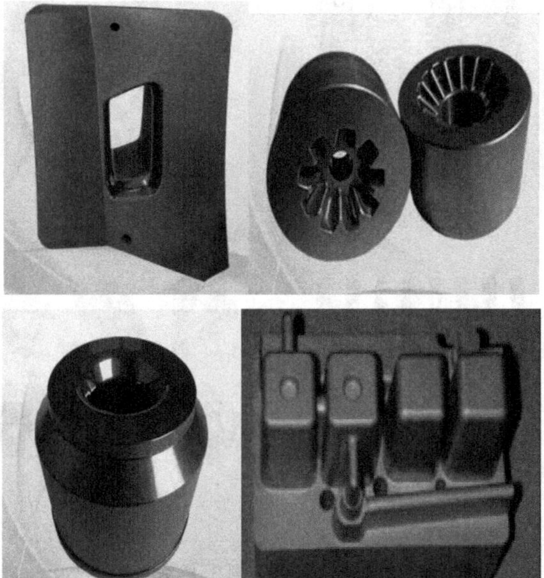

图 1-3　各类模具涂层

PVD技术出现于20世纪70年代末，其工艺处理温度可控制在500℃以下，因此可作为最终处理工艺用于各类机加工刀具（包括齿轮滚刀、拉刀、钻头、铣刀、铰刀、焊接刀具、丝锥等）、各类成型模具（包括汽车零部件成型模具、塑胶模具、铝合金压铸模具等）和摩擦磨损件（包括各种需要配合的摩擦副如电喷装置中的柱塞、无油轴承等）。由于采用PVD工艺可大幅度提高刀具、模具和摩擦磨损件的性能，所以该技术自80年代以来得到了迅速推广。

PVD技术中，真空蒸镀技术出现较早，但由于其膜与基体的结合力不高，多用于装饰和半导体元件，而难于用于工具。1963年，美国Sandia公司的D. M. Matton首先提出离子镀（ion plating）技术，并于1976年获得美国专利。两年后，美国IBM公司研制出射频溅射法，这样离子镀、溅射镀与蒸镀构成了PVD的3大系列。目前发展最为迅速的是前两种技术。PVD涂层技术分类方法比较多，图1-4所示为一种分类方法。

- 物理气相沉积（PVD）
  - 真空蒸镀（PVD）
    - 电阻加热蒸镀（R-PVD）
    - 电子束加热蒸镀（EB-PVD）
    - 激光加热蒸镀（L-PVD）
    - 离子束加热蒸镀（IB-PVD）
    - 高频感应加热蒸镀（HF-PVD）
  - 离子镀（IP）
    - 电阻加热离子镀（R-IP）
    - 空心阴极离子镀（HCD）
    - 多弧离子镀（MA-IP）
    - 磁控溅射离子镀（MSIP）
    - 离子束辅助沉积（IBED）
    - 反应离子镀（RIP）
    - 离子团束沉积（ICBD）
  - 溅射沉积（MSD）
    - 二、三、四极溅射沉积（D、T、FSD）
    - 磁控溅射沉积（MSP）
    - 射频磁控溅射沉积（RF-MSF）
    - 离子团束沉积（IBS）

图1-4　PVD涂层技术的分类

20世纪70～80年代，随着PVD技术的崛起和不断扩大应用，使得表面涂层技术全面繁荣。1972年R. F. Bunshan发明了活性反应蒸镀技术（ARE）；1973年美国推出多弧离子镀，日本的村山洋一发明了射频离子镀（radio frequency ion plating）。1974年小宫泽治将空心阴极放电技术用于离子镀形成了目前广泛应用的空心阴极离子镀（HCD）。随后又相继推出了磁控溅射离子镀、活性反应离子镀、集团束离子镀、冷电弧离子镀等。同一时期相应地溅射技术也得到迅速发展，先后出现了二极、三极、四极溅射，平面靶、同轴靶、对靶、磁控溅射和射频溅射等技术。80年代还产生了将辉光放电与化学气相沉积相结合的等离子体化学气相沉积技术（plasma-chemical vapor deposition，PCVD）。它具有 PVD 的低温性和 CVD 易于调整化学成分与结构的性能，但存在的主要问题是真空度低，涂层杂质含量（主要是 Cl、O）较高，硬度低，沉积速率过快，涂层柱状晶严重并存在空洞等缺陷，目前还处于发展阶段。

20 世纪 90 年代国际上对物理气相沉积 TiN 的基础研究日益重视和深入，涂层由 TiN 二元单层向多元涂层如 Ti-B-N、(Ti,B)-(C，N)和多层涂层如 TiC＋TiCN＋TiN 多层、Ti/TiN 多层和超点阵涂层以致复合涂层技术方向发展。利用各种涂层的优势互补，大大提高了 PVD 涂层的性能。PVD 技术与其他表面强化技术融合可形成各种新的技术。比较有代表性的有将离子注入与气相沉积镀膜相结合的离子束辅助增强沉积（ion beam assisted deposition），兼有两种工艺的优点。由于在气相沉积的同时，用具有一定能量的离子束轰击正在沉积生长的膜层物质，使膜与基体材料的原子相混合，界面原子相互渗透溶为一体，大大改善了膜与基体的结合强度。类似地将两种技术结合来制备膜层的方法还很多，如将离子镀和溅射技术结合来沉积 TiAlN/TiNbN 多层的工艺方法以及激光技术与气相沉积结合可增加硬化层深度的工艺方法等都有所发展。将物理气相沉积与其他表面强化技术结合制取复合涂层，可进一步发挥 PVD 涂层的优势，如气体氮化与 PVD 复合、离子氮化与 PVD 复台、化学镀 Ni-P 与 PVD 复合。由于中间过渡层的有力支撑，使得复合涂层的结合力、耐磨性及其他力学性能都有较大提高。正是由于 PVD 技术的发展及与其他技术互相融合，才进一步促进了其在切削工具、成型模具、注塑模具、摩擦磨损件方面的广泛应用，体现出极其卓越的性能（见图 1-5），而相应地付出的成本并不高，如表 1-1 所示。

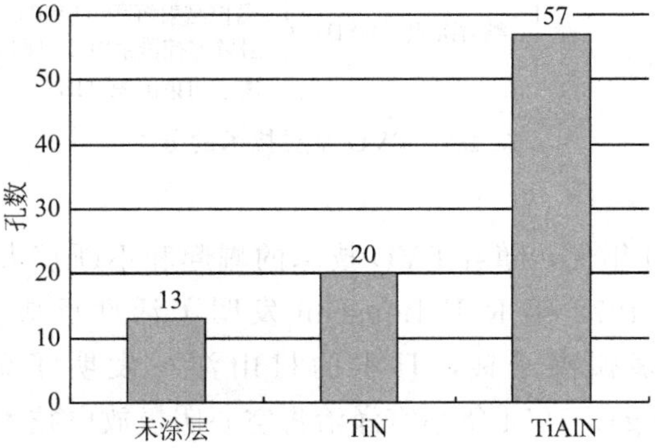

(a) 铰刀的使用寿命比较
（工具：d=6.2mm−高速钢−v_c=70m/min−f=0.35mm/r−a_p=32mm−5%乳化液；材料：1.2379）

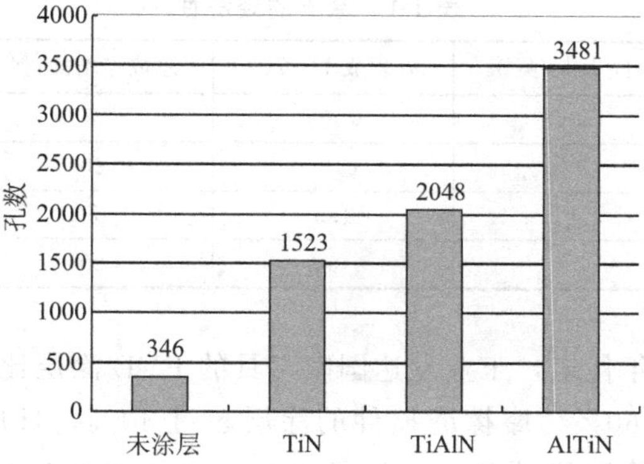

(b) 钻头干切削45号钢

（工具：硬质合金钻头$-d$=6.8mm$-v_c$=80m/min$-f$=0.15mm/r$-a_p$=30mm−干式；材料：45）

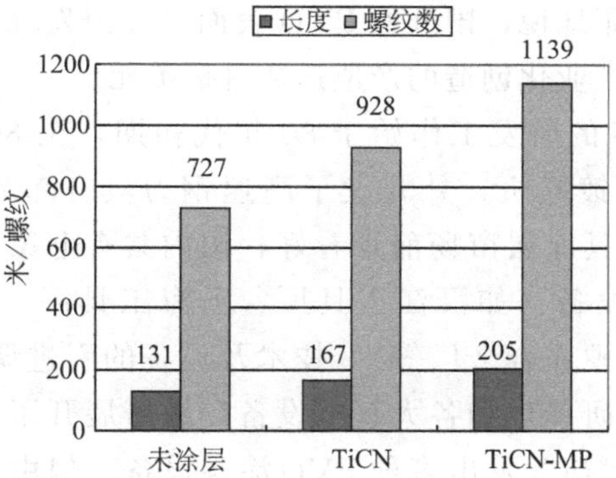

(c) 攻丝涂层比较

（工具：M12$-a_p$=18mm−6%乳化液；材料：HT200）

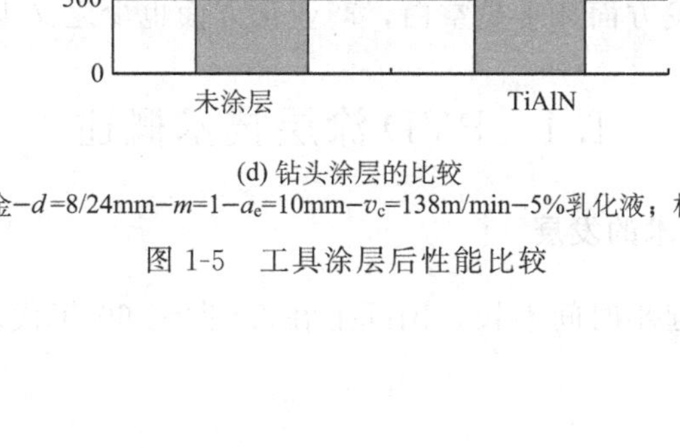

(d) 钻头涂层的比较

（工具：硬质合金$-d$=8/24mm$-m$=1$-a_e$=10mm$-v_c$=138m/min−5%乳化液；材料：20CrMnTi）

图 1-5　工具涂层后性能比较

表 1-1　涂层的经济性

工件	零件成本/英镑	处理成本/英镑	总成本增加/%	工具寿命增加/%
塑料模具	15000	1000	7	50
滚刀（ø100）	200	40	20	500
钻头（ø6）	1	1.5	150	750
重磨钻头	25	5	20	750

至 20 世纪 90 年代末，工业发达国家刀具的 PVD 涂层比例已超过 80%，模具的涂层比例超过 60%，摩擦磨损件的涂层超过 40%，日用装饰件（如手表、餐具、水龙头等）涂层超过 70%。国外部分大企业如巴尔查斯、爱恩邦德等已经建立了大型的研发中心和以企业化运作的涂层中心。现在国外在先进 PVD 表面涂层研发方面已经涉及工具、摩擦磨损件、汽车零部件、防腐装饰件、光学元件等行业。可以毫不夸张地说，国外的 PVD 表面工程研发几乎包括了所有的工业生产部门，每年因为产业化创造的产值达数百亿美元。

我国 PVD 涂层技术的研发工作始于 80 年代初期，至 80 年代中期研制成功中小型空心阴极离子镀膜机，并开发了高速钢刀具 TiN 涂层工艺技术。在此期间，由于对切削刀具涂层市场前景看好，国内共有七家大型工具厂从国外引进了大型 PVD 涂层设备（如汉江工具厂、上海工具厂、成都工具研究所、株洲刀具厂、陕西航空硬质合金厂等）。技术及设备的引进调动了国内 PVD 技术的开发热潮，许多科研单位和各大真空设备厂纷纷展开了大型离子镀膜机的研制工作，并于 90 年代初开发出多种 PVD 涂层设备。但由于多数设备性能指标不高，无法保证刀具涂层质量，同时预期的市场经济效益未能实现，因此大多数企业未对 PVD 刀具涂层技术作进一步深入研究，导致近 10 年国内 PVD 刀具涂层技术的发展徘徊不前。尽管 90 年代末国内成功开发出硬质合金 TiN-TiCN-TiN 多元复合涂层工艺技术并达到实用水平，CNx 涂层技术的研发也有重大突破，但与国际发展水平相比，我国的刀具 PVD 涂层技术仍落后至少 10 年。目前国际 PVD 涂层技术已发展到第五代，而国内尚处于第二代水平，且仍以单层 TiN 涂层为主。

总体上说，国外的 PVD 表面工程无论是研发还是产业化远远走在了我国的前面，而我国在研发方面几乎是空白，产业化方面也少之又少。

1.1　PVD 涂层技术概述

1.1.1　真空涂层技术的发展

真空涂层技术起步时间不长，国际上在 20 世纪 60 年代才出现将 CVD（化学气相沉积）技术应用于硬质合金刀具上。由于该技术需在高温下进行（工艺温度高于 1000℃），涂层种类单一，局限性很大，所以其发展初期未免差强人意。

到了 20 世纪 70 年代末，开始出现 PVD（物理气相沉积）技术，为真空涂层开创了一个充满灿烂前景的新天地。之后在短短的二三十年间 PVD 涂层技术得到迅猛发展，其原因也比较多，首先是其在真空密封的腔体内成膜，几乎无任何环境污染问题，有利于环保；其次是其能得到光亮、华贵的表面，在颜色上，成熟的有七彩色、银色、透明色、金黄色、黑色以及由金黄色到黑色之间的任何一种颜色，可谓五彩缤纷，能够满足装饰性的各种需要；再次是 PVD 技术可以轻松得到其他方法难以获得的高硬度、高耐磨性的陶瓷涂层、复合涂层，应用在工装、模具上，可以使寿命成倍提高，较好地实现了低成本、高收益的效果；最后是 PVD 涂层技术具有低温、高能两个特点，几乎可以在任何基材上成膜。因此，应用范围十分广阔，所以其发展神速也就不足为奇。

真空涂层技术发展到了今天还出现了 PCVD（物理化学气相沉积）、MT-CVD（中温化学气相沉积）等新技术，各种涂层设备、各种涂层工艺层出不穷。如今在这一领域中，已呈现出百花齐放，百家争鸣的喜人景象。

与此同时，还应该清醒地看到，真空涂层技术的发展又是严重不平衡的。由于刀具、模具的工作环境极其恶劣，对薄膜附着力的要求远高于装饰涂层。因此，尽管装饰涂层的厂家已遍布各地，但能够生产工具、模具涂层的厂家并不多。再加上刀具、模具涂层售后服务的欠缺，到目前为止，国内大多数涂层设备厂家都不能提供完整的刀具涂层工艺技术（包括前处理工艺、涂层工艺、涂层后处理工艺、检测技术、涂层刀具和模具的应用技术等），而且它还要求工艺技术人员，除了精通涂层的专业知识，还应具有扎实的金属材料与热处理知识、工模涂层前表面预处理知识，刀具、模具涂层的合理选择以及实践应用的技术要求等。如果任一环节出现问题，都会给使用者产生使用效果不理想的结论。所有这些，都严重制约了该技术在刀具、模具以及现代工业上的应用。

另一方面，由于该技术是一门介于材料学、物理学、电子、化学等学科的新兴边缘学科，而国内将其应用于刀具、模具生产领域内的为数不多的几个骨干厂家，大多走的也是一条从国外引进先进设备和工艺技术的路子，尚需一个消化、吸收的过程。因此，国内目前在该领域内的技术力量与其发展很不相称，急需奋起直追。

1.1.2　PVD 涂层的基本概念及其特点

较为成熟的 PVD 方法主要有多弧镀与磁控溅射镀两种方式。多弧镀设备结构简单，容易操作。它的离子蒸发源靠电焊机电源供电即可工作，其引弧的过程也与电焊类似。具体地说，在一定工艺气压下，引弧针与蒸发离子源短暂接触、断开，使气体放电。由于多弧镀的成因主要是借助于不断移动的弧斑，在蒸发源表面上连续形成熔池，使金属蒸发后沉积在基体上而得到薄膜层的。与磁控溅射相比，它不但有靶材利用率高，更具有金属离子化率高，薄膜与基体之间结合力强等优点。此外，多弧镀涂层颜色较为稳定，尤其是在做 TiN 涂层时，每一批次均容易得到相同稳定的金黄色，令磁控溅射法望尘莫及。多弧镀的不足之处是，在用传统的 DC 电源做低温涂层条件下，当涂层厚度达到 0.3μm 时，沉积率与反射率接近，成膜变得非常困难，而且薄膜表面开始变脆。多弧镀另一个不足之处是，金属是熔后蒸发，因此沉积颗粒较大，致密度低，涂层的自润滑性比磁控溅射法成膜差。

可见，多弧镀膜与磁控溅射法镀膜各有优劣。为了尽可能地发挥它们各自的优越性，实现互补，将多弧技术与磁控技术合而为一的涂层机应运而生。在工艺上出现了多弧镀打底，然后利用磁控溅射法增厚涂层，最后再利用多弧镀达到最终稳定的表面涂层颜色的新方法。

大约在 20 世纪 80 年代中后期，出现了热阴极电子枪蒸发离子镀、热阴极弧磁控等离子镀膜机，应用效果很好，使 TiN 涂层刀具很快得到普及性应用。其中热阴极电子枪蒸发离子镀，利用铜坩埚加热融化被镀金属材料，利用钽灯丝给工件加热、除气，利用电子枪增强离子化率，不但可以得到单面厚度 3～5μm 的 TiN 涂层，而且其结合力、耐磨性均有不俗表现，甚至用打磨的方法都难以除去。但是这些设备都只适合于 TiN 涂层或纯金属薄膜，对于多元涂层或复合涂层则力不从心，难以适应高硬度材料高速切削以及模具应用多样性的要求。

1.1.3 现代涂层设备

现代涂层设备主要由真空室、真空获得部分、真空测量部分、电源供给部分、工艺气体输入系统、机械传动部分、加热及测温部件、离子蒸发或溅射源、水冷系统等部分组成。采用的技术包括均匀加热技术、温度测量技术、非平衡磁控溅射技术、辅助阳极技术、中频电源、脉冲技术等。

1. 真空室

真空镀膜腔体在真空物理气相沉积上的应用，是一种能适应高真空环境的特殊容器，一般包括腔体主体、法兰适配器、传动轴、主轴气口以及视口装置单元等。涂层设备主要有连续涂层生产线及单室涂层机两种形式。由于工具、模具涂层对加热及机械传动部分有较高要求，而且工具、模具形状、尺寸千差万别，连续涂层生产线通常难以满足要求，需采用单室涂层机。

2. 真空获得部分

在真空技术中，真空获得部分是重要组成部分。由于工具、模具需要涂层与基体具有高的附着力，其涂层工艺开始前炉腔内的真空度最好高于 10^{-4} 毫巴（1 毫巴＝100 帕斯卡），涂层工艺结束后真空度甚至可达 10^{-5} 毫巴以上。因此合理选择真空获得设备，实现高真空度至关重要。

目前还没有一种泵能从大气压一直工作到接近超高真空。因此，真空的获得不是一种真空设备和方法所能达到的，必须将几种泵联合使用，如机械泵、分子泵系统（见图 1-6）等。

3. 真空测量部分

真空系统的真空测量部分，就是要对真空室内的压强进行测量。像真空泵一样，没有一种真空计能测量整个真空范围，于是人们按不同的原理和要求制成了许多种类的真空计（见图 1-7）。

图 1-6　复合分子泵

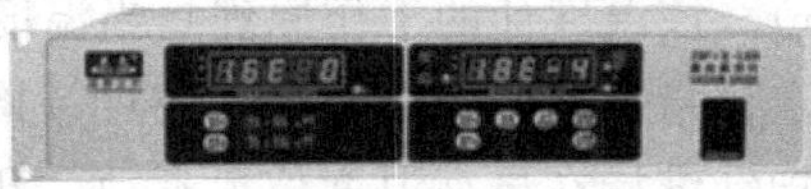
图 1-7　电阻/电离复合真空泵

4. 电源供给部分

靶电源主要有直流电源（如 MDX）、中频电源（如美国 AE 公司生产的 PE、PEII、PINACAL）。工件本身通常需加直流电源（如 MDX）、脉冲电源（如美国 AE 公司生产的 PINACAL＋）或射频电源（RF）。

5. 工艺气体输入系统

工艺气体，如氩气（Ar）、氪气（Kr）、氮气（N_2）、乙炔（C_2H_2）、甲烷

(CH_4)、氢气(H_2)、氧气(O_2)等，一般均由气瓶供应，经气体减压阀、气体截止阀、管路、气体流量计、电磁阀、压电阀，然后通入真空室。这种气体输入系统的优点是管路简捷、明快，维修或更换气瓶容易，各涂层机之间互不影响。也有多台涂层机共用一组气瓶的情况，这种情况在一些规模较大的涂层车间可能会有。它的好处是，减少气瓶占用量，统一规划、统一布局。缺点是，由于接头增多，使漏气机会增加，而且各涂层机之间会互相干扰。一台涂层机的管路漏气，有可能会影响其他涂层机的产品质量。此外，更换气瓶时，必须保证所有主机都处于非用气状态。

6. 机械传动部分

刀具涂层要求周边必须厚度均匀一致，因此在涂层过程中须有三个转动量才能满足要求。即在要求大工件台转动(I)时，小的工件承载台也转动(II)，并且工件本身还能同时自转(III)。

在机械设计上，一般是在大工件转盘底部中央为一大的主动齿轮，周围是一些小的星行轮与之啮合，再用拨叉拨动工件自转。当然在模具涂层时，一般有两个转动量就足够了，但是必须增强齿轮可承载量。

7. 加热及测温部分

做工具、模具涂层的时候，保证被镀工件均匀加热比装饰涂层加热要重要得多。工具、模具涂层设备一般均有前后两个加热器，用热电偶测控温度。但是由于热电偶装夹的位置不同，温度读数不可能是工件的真实温度。有很多方法可以测得工件的真实温度，这里介绍一种简便易行的表面温度计法(surface thermomeer)。该温度计的工作原理是当温度计受热，底部的弹簧将受热膨胀，使指针推动定位指针旋转，直到最高温度。降温的时候，弹簧收缩，指针反向旋转，但定位指针维持在最高温度位置不动，开门后，读取定位指针指示的温度，即真空室内加热时表面温度计放置位置所曾达到的最高温度值。

8. 离子蒸发及溅射源

多弧镀的蒸发源一般为圆饼形，俗称圆饼靶。近几年也出现了长方形的多弧靶，但未见有明显效果。圆饼靶装在铜靶座(阴极座)上面，两者为螺纹连接。靶座中装有磁铁，通过前后移动磁铁改变磁场强度，可调整弧斑移动速度及轨迹。为了降低靶及靶座的温度，要给靶座不断通入冷却水。为了保证靶与靶座之间的高导电、导热性，还可以在靶与靶座之间加锡(Sn)垫片。磁控溅射镀膜一般采用长方形或圆柱形靶材。

9. 水冷系统

因为工具、模具涂层时，为了提高金属原子的离子化率，各个阴极靶座都尽可能地采用大的功率输出，需要充分冷却；而且工具、模具涂层中的许多种涂层加热温度都为 400～500℃，所以对真空室壁、对各个密封面的冷却也很重要，冷却水最好采用 18～20℃的冷水机供水。为了防止开门后，低温的真空室壁、阴极靶与热的空气接触析出水珠，在开门前 10min，水冷系统应有能力切换到供热水状态，热水温度为 40～45℃。

1.2　PVD 涂层技术的研究概述

自从物理气相沉积涂层问世以来，研究人员就在积极开拓其应用领域。涂层研究分别从设备、涂层组元、涂层膜结构和涂层纳米化等方向展开。设备方面从离子溅射发展到阴极电弧，从单靶材发展到多靶材，从圆形靶发展到矩形靶；涂层的组成方面从单元发展到二元、三元直至多元；涂层结构从晶体结构发展到非晶态结构、超晶态结构；涂层层数从微米级发展到亚微米级和纳米级。特别是在刀具方面研究应用开展得比较早，应用得也比较成熟。

随着现代机械加工业朝着高精度、高速切削、硬加工代研磨、干加工（无冷却液）、保护环境以及降低成本等方向发展，对刀具性能提出了相当高的要求。开发各种耐磨性能优越，能长时间进行稳定加工的切削材料是必然的发展趋势。

在切削加工中，刀具性能对切削加工的效率、精度、表面质量有着决定性的影响。刀具性能的两个关键指标——硬度和韧性，它们之间总存在着矛盾：硬度高的材料韧性低，而提高硬度往往以韧性的降低为代价。为了进一步提高硬质合金刀具的耐磨性，发展了硬质合金涂层。硬质合金的涂层作为一个化学屏障和热屏障，减少了硬质合金刀具月牙的磨损，涂层具有很低的摩擦系数，自润滑效果良好，因此可以显著提高刀具的使用寿命。

硬质合金涂层是指在硬质合金表面涂覆一层硬度和耐磨性很高的物质。在刀具基体上涂覆一层或多层硬度高、耐磨性好的金属或非金属化合物薄膜（如 TiC、TiN、Al_2O_3等）组成的涂层刀具，能较好地解决刀具存在的强度和硬度之间的矛盾，这是切削刀具发展的一次革命。

以下简单介绍涂层硬质合金的特点，硬质合金涂层方法的机理、优点和缺点，以及硬质合金涂层的种类特点和应用状况。

1.2.1 硬质合金涂层的特点

涂层硬质合金具有以下特点：

（1）涂层刀具结合了基体高强度、高韧性和涂层高硬度、高耐磨性的优点，提高了刀具的耐磨性而不降低基体的韧性；

（2）涂层薄膜对基体的韧性影响不大；

（3）降低刀具与工件的摩擦系数；

（4）涂层硬质合金的寿命长。

1.2.2 硬质合金的涂层方法

硬质合金的涂层方法有高温化学气相沉积涂层（CVD）、物理气相沉积涂层（PVD）、等离子化学气相沉积涂层（IBVD）、中温化学气相沉积涂层（MTCH）和离子辅助物理气相沉积涂层（IBVD）等。最常用的方法是高温化学气相沉积涂层和物理气相沉积涂层，并且不同的涂层方法有不同的涂层机理、优点和缺点。

1.2.3 高温化学气相沉积涂层

高温化学气相沉积涂层在20世纪60年代出现，在硬质合金刀具上得到了极为广泛的应用。高温化学气相沉积涂层是指在一定温度条件下，涂层材料的混合气体在硬质合金表面相互作用，使混合气体中的一些成分分解，并在硬质合金的表面形成金属或化合物的涂层。此方法的关键包括：①作为涂层材料的混合气体与硬质合金表面的相互作用，即涂层材料的混合气体之间在硬质合金表面上反应产生沉积，或通过涂层材料的混合气体的一个组分与硬质合金表面反应产生沉积；②该沉积反应必须在一定的能量激活条件下进行。

高温化学气相沉积涂层具有以下优点：

（1）高温化学气相沉积需要涂层源的制备相对容易；

（2）可以实现 TiC、TiN、TiCN、TiB、Al_2O_3等单层及多元层复合涂层；

（3）涂层与基体之间的结合强度高；

（4）涂层具有良好的耐磨性能。

虽然高温化学气相沉积涂层具有以上优点，但它还存在先天性的缺陷，主要有：

（1）涂层温度为900～1100℃，即涂层温度高，使涂层与基体之间容易产生一层脆性的脱碳层（η相），导致刀具抗弯强度下降；

（2）涂层内部为拉应力状态，使用时容易产生微裂纹；

（3）在涂层过程中排放的废气、废液会造成工业污染，对环境的影响较大，与目前提倡的绿色工业相抵触，因此在 20 世纪 90 年代中后期这种方法的发展受到了一定的制约。

1.2.4　物理气相沉积涂层

物理气相沉积涂层出现于 20 世纪 70 年代末期，其技术在高速钢刀具领域的成功应用，引起了世界各国的高度重视，人们竞相开发高性能、高可靠性涂层设备的同时，也对其应用领域的扩大进行了更加深入的研究，尤其是在硬质合金、陶瓷类刀具领域的应用。

物理气相沉积涂层是指真空条件下，用物理的方法将涂层材料汽化为原子、分子或电离成离子，再通过气相过程在硬质合金的表面沉积成涂层。此方法的过程可以分为三步：①将涂层材料汽化，即使涂层材料蒸发、升华和分解等，成为涂层源；②涂层材料的原子、分子或离子迁移到硬质合金表面，在这一过程中，原子、分子或离子之间可能发生碰撞，产生离子化、复合、反应，以及能量的变化和运行方向的改变等一系列复杂的问题；③涂层的原子、分子或离子在硬质合金表面的吸附、堆积、形核和长大到最终形成涂层。

物理气相沉积涂层具有以下优点：

(1) 与化学气相沉积层相比，物理气相沉积涂层的温度低，一般在 600℃以下，对刀具材料的抗弯强度几乎没有影响；

(2) 涂层内部为压应力状态，更适合硬质合金精密复杂类刀具的涂层；

(3) 对环境不产生污染，符合目前绿色工业的发展方向；

(4) 纳米级涂层的出现，使得物理气相沉积涂层刀具质量有了新的突破，这种涂层不仅结合强度高、硬度高和抗氧化性能好，还可以有效地控制精密刀具刃口形状及精度。

虽然物理气相沉积涂层具有以上优点，但是还存在一些缺陷：

(1) 涂层设备复杂、昂贵、工艺要求高、涂层时间长和刀具的成本增加等；

(2) 用此法生产的刀具抗冲击性能、硬度和均匀性比高温化学气相沉积涂层生产的刀具差，使用寿命也比高温化学气相沉积涂层生产的刀具短；

(3) 涂层的刀具几何形状单一，限制其优越性的发挥；

(4) 涂层与基体在冷却时由于收缩率不同而产生内应力和微裂纹；

(5) 非常小的内孔和狭窄缝隙无法进行涂层。

1.2.5　等离子化学气相沉积涂层

由于高温化学气相沉积涂层和物理气相沉积涂层都具有一定的缺陷，所以近年来，国外采用高温化学气相沉积涂层和物理气相沉积涂层相结合的技术，开发出了等离子化学气相沉积涂层。

等离子化学气相沉积涂层是指通过电极放电产生高能电子使气体电离成为等离子体，或者将高频微波导入含碳化物气体产生高频高能等离子，由其中的活性碳原子或含碳基团在硬质合金的表面沉积涂层的一种方法。

等离子化学气相沉积涂层的优点：

(1) 它利用等离子体促进化学反应，可以把涂层温度降至 600℃以下；

(2) 由于涂层温度低，在硬质合金基体与涂层材料之间不会发生扩散、相变或交换反应，使基体可以保持原有的强韧性。

等离子化学气相沉积涂层的缺点：

(1) 设备投资大，成本高，对气体的纯度要求高；

(2) 涂层过程中产生的剧烈噪音、强光辐射、有害气体、金属蒸汽粉尘等对人体有害；

(3) 对小孔孔径内表面难以涂层等。

1.2.6 中温化学气相沉积涂层

中温化学气相沉积涂层的机理与化学气相沉积涂层的机理相同，只是前者的涂层温度比后者的涂层温度低一些，中温化学气相沉积涂层的涂层温度一般为 700～900℃。

中温化学气相沉积涂层的优点：

(1) 沉积速度快；

(2) 涂层厚；

(3) 对于形体复杂的工件涂层均匀；

(4) 涂层附着力高；

(5) 涂层内部残余应力小。

以上特点使得该种方法易于工业化，因此，它是一种优于高温化学气相沉积涂层的涂层方法。

中温化学气相沉积涂层的缺点：

(1) 涂层层内部为拉应力状态，使用时容易产生微裂纹；

(2) 在涂层过程中排放的废气、废液会造成工业污染，对环境的影响较大，与目前提倡的绿色工业相抵触，因此，这种方法的发展受到了一定的制约。

1.2.7 离子辅助物理气相沉积涂层

离子辅助物理气相沉积涂层是指在冷相沉积涂层的同时，用具有一定能量的离子束轰击不断沉积的物质，使沉积原子与基体原子不断混合，界面处原子相互渗透溶为一体，从而大大改善了涂层与基体的结合强度。

离子辅助物理气相沉积涂层具有气相沉积和离子注入的优点，使沉积温度可以降低到 200～500℃，因此可以在较低温度下制备 C、N、B 化合物，可用于因结合力欠佳而难以涂层的硬质合金。

离子辅助物理气相沉积涂层的缺点与等离子化学气相沉积涂层的缺点相同。

1.2.8　涂层硬质合金的种类

1. *单渗层涂层硬质合金*

常用的单渗层涂层硬质合金的材料有 TiC、TiN、Al_2O_3、TiAlN、TiCN 等，其特性不同，适合的加工条件也不同。

1）TiC 涂层硬质合金

TiC 颜色为灰色，表面硬度为 HV3000，开始氧化温度为 400℃，附着强度一般。它表面硬度虽然高，但是附着力和耐热性比较低。用 TiC 涂层的硬质合金最早出现是涂层刀具。它涂层的厚度单面为 5～7μm，硬度达 HV2300～3250。用 TiC 涂层硬质合金的主要特点：涂层硬度高，且易于扩散到基体内，因而涂层与基体结合强度高，抗粘、耐用度较高和抗氧化性能好。这种涂层的硬质合金刀具对钢的摩擦系数小，适用于加工钢材，切削时刀具磨损小。但是在涂层与基体之间会产生脱碳层（脆性相），此脱碳层会随着涂层厚度的增大而增厚，导致刀片抗弯强度降低，脆性增加，切削时易崩刀。

2）TiN 涂层硬质合金

TiN 颜色为金黄色，表面硬度为 HV2500，开始氧化温度为 600℃，附着强度很好。它的热膨胀系数与高速钢相近，与高速钢的附着力好。用 TiN 涂层的硬质合金涂层厚度为双面 8～12μm，其主要特点：涂层硬度比 TiC 低，与基体的结合强度比 TiC 差。但是 TiN 涂层导热性好，与铁基体材料的摩擦系数比 TiC 涂层小，所以抗月牙磨损性能较好。此外，TiN 涂层与基体之间不易产生脆性相，因此，涂层允许厚度比 TiC 涂层大。

3）TiCN 涂层硬质合金

TiCN 颜色为灰色，表面硬度为 HV3500，开始氧化温度为 450℃，附着强度好。它具有 TiN 的附着强度和 TiC 的耐磨性，硬度比 TiN 高，且摩擦系数小，对黏结性有一定的抑制作用。用 TiCN 涂层硬质合金，可以降低涂层的内应力，提高涂层的韧性，增加涂层的厚度，阻止裂纹的扩散，减少刀具崩刃。将 TiCN 作为涂层刀具的主涂层，兼有 TiC 的良好韧性和 TiN 的良好硬度，可以显著提高刀具的使用寿命。

4）Al_2O_3涂层硬质合金

氧化铝（Al_2O_3）的特点是在高温下具有良好的热稳定性和化学性质，机械强度最高。在抗氧化磨损和抗扩散磨损性能上，没有任何材料能与 Al_2O_3 相比，

但是由于 Al_2O_3 与硬质合金基体的物理、化学性能相差太大，单一的 Al_2O_3 涂层无法制成理想的涂层硬质合金刀具。多层涂层及相关技术的出现，使得涂层既可以提高与硬质合金基体的结合强度，同时又能具有多种材料的综合性能，用它涂层的硬质合金刀具适合于切削时产生大热量的场合。

5）TiAlN 涂层硬质合金

TiAlN 颜色为紫黑色，表面硬度为 HV3500，开始氧化温度为 800℃，附着强度很好。它的附着力比 TiN 涂层大，耐热性能优越，开始氧化温度高，所以适合于高速加工及高硬度钢加工。用 TiAlN 涂层的硬质合金刀具的抗氧化性极好，高温硬度好，涂层材料开始分解的温度比其他涂层要高，这种特性可以使涂层硬质合金刀具避免高温的危害，从而保护切削刃。TiAlN 涂层硬质合金刀具适合模具的精加工，在无切削液的情况下，它可以高速切削淬火钢，而不受切削热的影响。TiAlN 涂层硬质合金刀具虽然有很高的热稳定性，在传统的切削参数下工作，切削性能优于 TiN 涂层，但是其寿命不比 TiN 涂层刀具长，只有在高速切削条件下，才能使其使用寿命大幅度提高。

2. 多渗层涂层硬质合金

由于单一涂层材料无法满足对刀具综合机械性能的要求，涂层成分向多元化发展已成为必然趋势。其目的是综合利用各种涂层成分的优点，使其获得更好的综合性能。为满足不同的切削加工的要求，涂层成分会更为复杂、更具有针对性；每单层成分也会越来越薄，并且逐步趋于纳米化；涂层温度会越来越低；刀具涂层工艺则会向更合理的方向发展。

常用的多渗层涂层硬质合金为 TiC-TiN、TiC-TiCN-TiN、TiC-Al_2O_3、TiC-Al_2O_3-TiN 四大类。前两类适用于普通半精及精切削加工，后两类适用于高速及重负荷切削。

1）TiC-TiN 涂层硬质合金

用 TiC-TiN 涂层硬质合金刀具基体表面第一层为 TiC，其厚度约为单面 1μm，外层是 TiN。其主要特点：基体表面先涂一层 TiC，目的是获得良好的结合强度。接着是相互渗透的碳、氮化物复合涂层，最外层为 TiN。这种复合涂层与单纯的 TiC 涂层相比，其优点是导热系数大，抗黏附磨损性能较高，并且涂层与基体结合强度较高，即此复合涂层兼 TiN 涂层和 TiC 涂层的优点。

2）TiC-TiCN-TiN 涂层硬质合金

TiC-TiCN-TiN 涂层硬质合金的第一层为 TiC，第二层为 TiCN，第三层为 TiN。第一层的 TiC 与硬质合金基体结合紧密，使得涂层不易脱落；第二层的 TiCN 为过渡层，它兼有 TiC 和 TiN 的特性，在第一层与第三层之间起到缓冲作用；第三层的 TiN 是利用 TiN 的硬度提高硬质合金刀具的耐磨性，延长刀具的使用寿命。

3）$TiC-Al_2O_3$涂层硬质合金

TiC 与硬质合金基体结合紧密，使得涂层不易脱落，而 TiC 相与 Al_2O_3 相的密排原子面相接触，因此 Al_2O_3 与 TiC 的面间黏结力被最大化，这样能获得致密的 Al_2O_3 涂层，并且这种涂层中的裂纹也很少，在切削过程中与硬质合金基体剥离的倾向也很小，可用于高速切削。

4）$TiC-Al_2O_3-TiN$ 涂层硬质合金

$TiC-Al_2O_3-TiN$ 涂层硬质合金刀具，在基体上涂覆的 TiC 涂层可以保证涂层与基体的牢固黏结，并使刀具在中、低速切削条件下具有高的抗机械磨损性能；在其上涂覆 Al_2O_3 涂层，则可获得在高温下良好的化学稳定性和绝热性，使刀具基体不会因温度太高而产生塑性变形，因此在高速切削时有高的耐用度；在 Al_2O_3涂层上再涂覆一层 TiN，则可使刀具的摩擦系数小，切屑能顺利排除，可降低切削温度和防止粘刀现象，减少刀具的月牙洼磨损，而且还可以减少积屑瘤的产生。

3. 新渗层涂层硬质合金

目前国内外开发出了 CrC 和 CrN 涂层、Hf（Zr，Ti，Ta 等）的碳化物和硼化物涂层和 Hf（Zr，Ti，Al，Be 等）的氧化物涂层。CrC 涂层的硬质合金刀具摩擦系数小（0.1～0.15），抗氧化温度高。由于材料的亲和性，含钛涂层硬质合金刀具不适合加工钛和钛合金类材料，而 CrC 和 CrN 涂层硬质合金是一种无钛涂层，可有限切削钛、钛合金和铝，以及其他软材料。对于 Hf（Zr，Ti，Ta 等）的碳化物和硼化物涂层，Hf（Zr，Ti，Al，Be 等）的氧化物涂层的硬质合金刀具的报道还很少。

硬质合金涂层方法在不断地进步，日趋复杂化和多样化，从最初的高温化学气相沉积涂层发展为等离子化学气相沉积涂层、中温化学气相沉积涂层和离子辅助物理气相沉积涂层等。硬质合金涂层种类也在不断地更新，从单一的化合物涂层朝着多元复杂化合物涂层发展，涂层层数也从几层到十几层。随着科研人员的研究，新的更好的涂层方式和涂层类型将会不断出现，这些都将促进技术的进步和生产率的提高，将在后面的章节中有针对性地介绍。

19 世纪，冶金学的进展和实用表面处理技术如获得韧而耐磨，或硬而不脆等方面的发展向前迈进了一大步。其中一些工艺今天仍在应用，如淬火、渗碳、电镀、氮化等。这些工艺的特点是要的时间长并需在高温下进行或者有些严重的污染环境。另外，处理后的刀具或零件经常不能立刻使用。还需要经过一些加工消除表面的粗糙以达到精确的尺寸。

现在的新一代工艺正投入工业化的应用，并可以避免上述问题，甚至提供更好的工艺行为。现代原子物理学研究与高真空技术相结合发展的先进表面工程技术采用低温并几乎不影响零件的尺寸。由这些工艺与得到极硬的、光精的表面与传统工艺的产品相比有明显的优点，可用来提高刀具寿命和加工无润滑轴承的零件。在这些业已商品化的工艺中最新的就是物理气相沉积（PVD）。对材料和处理方法的选择将由产品的三个组合部分（基体、界面和表面）所需的性能决定。例如，基体可能要有强度且重量轻，而PVD涂层则是硬而具有化学惰性，在界面上必须有很强的结合力。

先进PVD涂层技术是现代表面工程技术的一个重要方面，也涉及新材料、先进制造、控制、电子、真空等学科。物理气相沉积所制备的先进涂层及有关的化合物的应用在工程上具有直接的商业效益：附着力高（由于涂层材料带着很高的能量沉积到基体上，并且在每一循环中涂覆之前的溅射阶段将对表面进行彻底的清洗）；厚度均匀（由于气体的散射和工件的旋转）；表面光洁（在较好的系统中，涂层表面的状况与基体相同，可省去精加工）；无环境污染（这是工艺本身的待点决定的）；无氢脆；结构密实；化学配比和晶体结构具有可控性和重复性；涂层和基体材料的选用范围宽（包括金属、合金和陶瓷）；可进行多层涂覆；低温（小于500℃）；产量较大、节约成本。由于PVD具有明显的经济和使用效益，据估计国外有大约300家PVD涂层工厂，刀具涂层工艺的应用已经十分广泛，特别是用于齿轮加工，一台设备一年就涂覆了4000万个齿轮刀具。刀具寿命一般提高2～10倍，少数则可高达100倍，而成本仅为零件或刀具的几分之一。这种先进的制造技术也是“十二五”规划中重点支持的无污染、高回报的高新技术。

第 2 章　PVD 技术原理

近年来表面工程学发展迅速，新的表面涂层技术层出不穷，气相沉积就是发展最快的新涂层技术之一，采用的技术主要有蒸镀技术、磁控溅射技术和阴极电弧技术。所谓气相沉积是利用在气相中物理或化学的反应过程，在工件表面形成具有特殊性能的金属或化合物涂层的方法。物理气相沉积可以用来制备具有各种特殊力学性能和物理化学性能（如高硬度、高耐热、高热导、高耐腐蚀、抗氧化、绝缘等）涂层。不仅可以沉积金属涂层、合金涂层，还可以沉积多种多样的化合物、非金属半导体、陶瓷和有机物的单层及多层结构的涂层。其制备涂层的原理是利用一种物理气相反应生长法，沉积过程是在真空或低气压气体放电条件下，即在 80～200℃等离子体条件中进行的。涂层的物质源是固态物质，利用气体放电或加热的方式使靶材蒸发或电离，经过“蒸发或溅射”后，在电场的作用下，最后在工件表面生成与基材性能不同的新的固态物质涂层。

通常获得能量的方法有两种：①热能；②离子撞击。在蒸镀技术、磁控溅射技术和阴极电弧技术三种方法中，第一种属于热能蒸发，后两种属等离子体气相沉积（离子撞击）范畴，目前应用上泛称为离子镀。

物理气相沉积技术是在辉光放电、弧光放电等低温等离子体条件下进行的，其物理基础是真空物理技术和低温等离子体物理技术。

2.1　PVD 涉及的真空基础与概论

2.1.1　真空概念

“真空”一词来自拉丁文，即“虚无”的意思。真正的真空是不存在的，那种认为“真空”是什么物质也不存在的看法，客观上是完全错误的。科学家称“低于一标准大气压的气体状态为真空”，定义真空的质和量，即气体稀薄的程度为“真空度”。一般习惯用压强衡量真空度的高低（压强越高真空度越底，压强越低真空度越高）。

2.1.2　真空区域的划分

一般情况下根据应用领域的不同，所应用真空度的范围也有所不同，针对物理气相沉积应用所需真空度划分如表 2-1 所示。

目前世界上不同的国家采用了很多真空度单位，分别有 Pa、Torr、bar、

atm 和水柱等，这些单位之间也有一定的换算关系，如表 2-2 所示。

表 2-1 物理气相沉积真空度等级划分

真空度等级	压强值/Pa
粗真空	一个大气压～10^2
中真空	10^2～10^{-1}
高真空 （目前离子镀常用的工作范围）	10^{-1}～10^{-5}
超高真空	10^{-5}～10^{-10}
极高真空	<10^{-10}

表 2-2 不同压力单位之间的换算关系

Pa/(N·m²)	Torr/(mmHg)	bar	atm	mmH₂O/(mm) (15℃)
1	7.500×10^{-3}	10^{-5}	9.869×10^{-6}	1.020×10^{-1}
133.332	1	1.333×10^{-3}	1.315×10^{-3}	1.360×10^{-1}
10^5	750.62	1	0.986	1.0206×10^4
9.806×10^4	735.559	0.980	0.967	1.0009×10^4
6.894×10^3	51.714	6.894×10^{-2}	6.804×10^{-2}	0.703×10^3
1.013×10^5	760	1.013	1	1.0341×10^4
9.797×10^3	73.489	9.797×10^{-2}	9.669×10^{-2}	1×10^3

2.1.3 与 PVD 相关的低温等离子体概述

定义：等离子体是一种电离气体，是离子、电子和高能原子的集合体，整体显中性，它是一种由带电粒子组成的电离状态。等离子体的现象，最明显的就是所发生辉光放电，这也是产生离子溅射的原理，如图 2-1 所示。

PVD 技术中获得等离子体的方法首要条件是必须使中性粒子电离。常用的方法是采用电子碰撞方式，即在低气压中，电子在电场的作用下加速，获得足够的能量，与中性粒子碰撞使之电离，产生低气压放电，如图 2-2 所示。所用的电场有直流电场、射频电场和微波电场。

物理气相沉积的特点：

（1）沉积层的材料来自固体物质源，采用各种加热源使固体物质变为原子态；

（2）获得的沉积层薄，厚度范围为 nm～μm（10^{-9}～10^{-6}m）数量级，属纳米薄膜范畴；

（3）沉积层是在真空条件下获得的，涂层的纯度非常高；

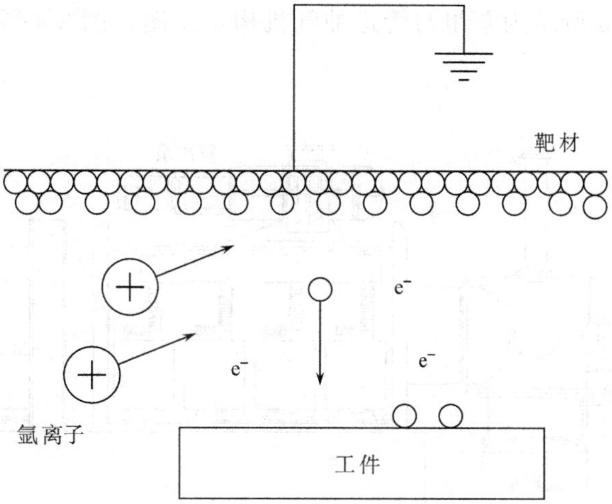

图 2-1　离子溅射涂层示意图

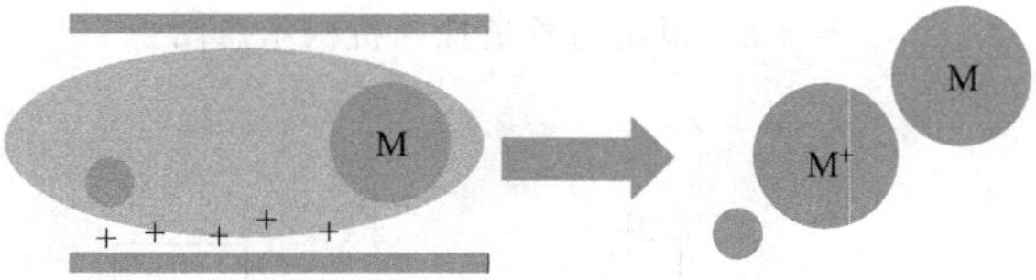

图 2-2　电子与中性粒子碰撞产生等离子体过程

(4) 在低温等离子体条件下产生，沉积层粒子的整体活性大，易与反应气体进行化合反应，获得各种不同组成元素的涂层。

2.1.4　真空获得与抽气概念

真空获得就是“抽真空”，即利用各种真空泵或其他方法，将被抽容器中的气体抽除，使达到一定的真空度，以满足各种使用要求。

真空泵的分类如下。

1) 气体传输泵

气体传输泵是一种能将气体不断吸入并排出泵外，达到抽气目的的真空泵，如旋转机械泵、油扩散泵、分子泵等。

2) 气体捕集泵

气体捕集泵是一种使气体分子被短期或永久地吸附或凝结在泵内表面的真空泵，如分子吸附泵、钛升华泵、溅射离子泵、低温泵等。

真空泵是 PVD 镀膜机抽气结构的核心组成部分，其效能大小决定着炉腔内的真空度，图 2-3 所示为泵组与管道抽气机构示意图，图 2-4 所示为真空机组示意图。

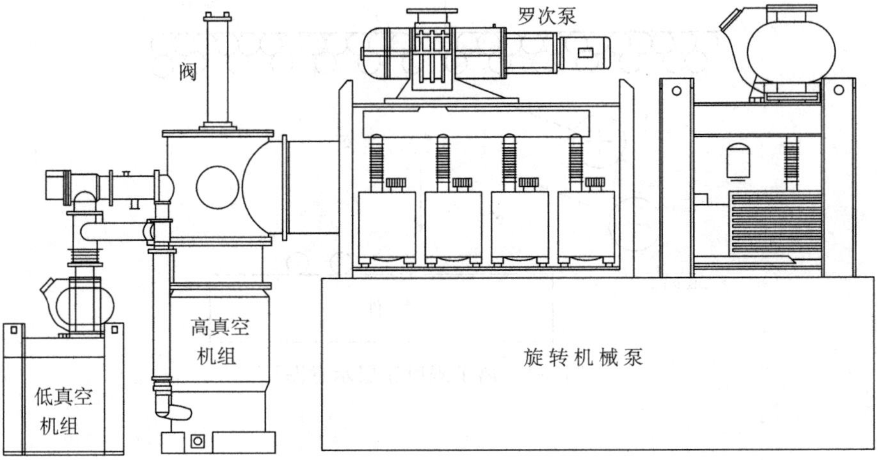

图 2-3　泵组与管道抽气机构示意图

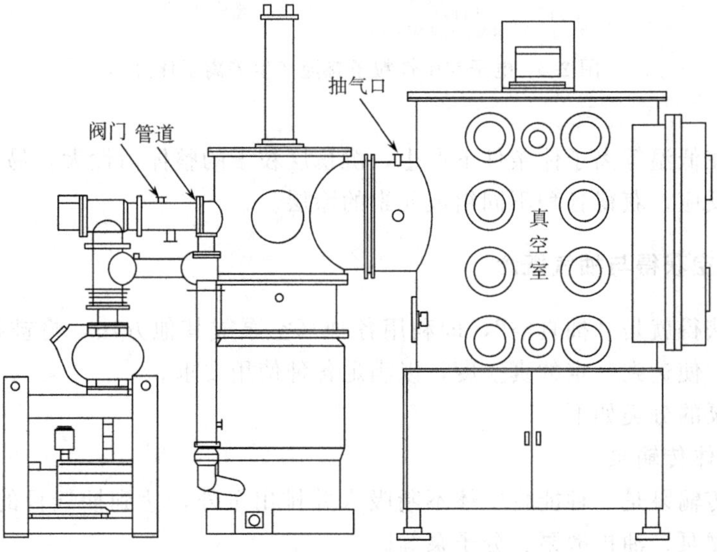

图 2-4　真空机组示意图

每种真空泵都有一定的适用范围，必须根据自己所需要的真空度值合理选择泵的类型，表 2-3 所示为几种常用泵的工作压强范围。

表 2-3　常用真空泵的工作压强范围

泵的种类	压强/Pa														
	10^4	10^3	10^2	10^1	10^0	10^{-1}	10^{-2}	10^{-3}	10^{-4}	10^{-5}	10^{-6}	10^{-7}	10^{-8}	10^{-9}	10^{-10}
旋转机械泵（掺气时）	+	+	+	+	+	+	→								
旋转机械泵（不掺气时）	+	+	+	+	+	+	+	→							
吸附泵	+	+	+	+	+	+	→								
扩散泵				←	+	+	+	+	+	+	→				
涡轮分子泵						←	+	+	+	+	+	+	+	→	
钛升华泵						←	+	+	+	+	+	+	→		
溅射离子泵							←	+	+	+	+	+	+	+	→
低温泵								←	+	+	+	+	+	+	+

2.1.5　PVD 与水电镀的比较

PVD 与水电镀都属于表面处理的范畴，都是通过一定的方式使一种材料覆盖在另一种材料表面，获得一层或者多层具有一定功能（耐磨、防腐、耐热、导电等）的涂层。

水电镀因工艺较简单，从设备到环境的要求均没有 PVD 苛刻，从而被广泛应用。但水电镀一般的镀层材质采用“六价铬”，这是非环保材料，会带来严重的环境污染。而真空电镀使用的镀层材质广泛、容易，符合环保要求。在真空状态下将需要涂覆在产品表面的膜层材料通过等离子体离子化后沉积在工件表面。所以 PVD 膜层结合力更大，硬度高、耐摩擦、耐腐蚀，膜层的性能更加稳定，不会产生有毒或有污染的物质和气体，对环境无不利影响，符合现代绿色制造的发展方向。

2.2　蒸镀技术

2.2.1　真空蒸发的原理

真空蒸镀是制作薄膜的一种方法。通常是把装有基片的真空室抽成真空，使气体压强达到 10^{-2}Pa 以下，然后加镀料，使其原子或分子从表面气化逸出，形成蒸气流，入射到基片表面，凝结形成固态薄膜。真空蒸镀设备主要由真空镀膜室和真空抽气系统两大部分组成，真空镀膜室内装有蒸发源、被蒸镀的材料、基片支架及基片等。

真空蒸镀三个条件：①热的蒸发源；②冷的基片；③周围的真空环境。真空蒸镀需要注意的主要事项有：①防止在高温下因空气分子和蒸发源发生反应，生成化合物而使蒸发源劣化；②防止因蒸发物质的分子在镀膜室内与空气分子碰撞而阻碍蒸发分子直接到达基片表面，以及在途中生成化合物或由于蒸发分子间的相互碰撞而在到达基片之前就凝聚；③在基片上形成薄膜的过程中，防止空气分子作为杂质混入膜内或者在薄膜中形成化合物。

2.2.2 真空蒸发的优缺点

真空蒸发主要是利用热蒸发技术实现材料沉积的过程，所谓的热蒸发就是蒸发材料在真空中被加热时，其原子或分子就会从表面逸出，然后沉积到被镀产品表面。真空蒸发具有其自身的优点：①设备简单，操作容易；②薄膜纯度高，质量好，厚度可控；③速率快，效率高，可用掩模获得清晰图形；④薄膜生长机理比较单纯。当然真空蒸发也有一定的局限性，主要是：①不易获得结晶结构的薄膜；②薄膜与基片附着力小；③工艺重复性不够好。

2.2.3 真空蒸发镀膜过程

真空蒸发设备结构的主要组成部分如下：

（1）真空室，为蒸发提供必要的真空度，防止材料在蒸发过程中被氧化；

（2）蒸发源和蒸发加热器，主要是用来放置蒸发材料并对其进行加热；

（3）基板，用于接收蒸发物质并在其表面形成固体蒸发薄膜；

（4）基板加热器，用于对基板进行加热；

（5）测温器，是一种热电偶测温装置。

真空蒸发镀膜由以下工艺过程组成。①加热蒸发过程，包括从凝聚相转变为气相（固相、液相或气相）的相变过程。每种物质在不同温度有不同的饱和蒸汽压，蒸发化合物时，其组分之间发生反应，其中有些以气态或蒸汽进入蒸发空间。②气化原子或分子在蒸发源与基片间的运输过程。这些粒子在空间的飞行过程中与真空室内残余气体分子发生碰撞的次数，取决于蒸发原子的气体分子发生碰撞的次数，取决于蒸发原子的平均自由程以及蒸发源和基板之间的距离。③蒸发原子或分子在基片上沉积的过程，即蒸气凝聚、成核、核生长、形成连续薄膜的过程。由于基板温度远低于蒸发源温度，沉积物分子在基板表面将直接发生从气相到固相的相变过程。

真空蒸发进行过程中，真空环境对于蒸发镀膜具有决定性的作用，因为蒸发物原子或分子将与大量空气分子碰撞，使膜层受到污染，甚至形成氧化物或者蒸发源被加热氧化烧毁，或者由于空气分子的碰撞阻拦，难以形成均匀连续薄膜。所以获得稳定的真空环境很重要，同时蒸发过程也牵涉物质的饱和蒸汽压理论，所以掌握蒸发过程也应该了解饱和蒸汽压的相关知识。

2.2.4　饱和蒸汽压相关理论

饱和蒸汽压的定义：在一定温度下，真空室内蒸发物质的蒸汽与固体或液体平衡过程中所表现出的压力称为该物质的饱和蒸汽压 。

物质的饱和蒸汽压随温度的上升而增大，在一定的温度下，各种物质的蒸汽压不相同，且具有恒定的数值也即一定的饱和蒸汽压必定对应一定的物质的温度。规定物质在饱和蒸汽压为 10^{-2} Torr（1Torr≈133.3Pa）时的温度为该物质蒸发温度。饱和蒸汽压与温度的关系可从克拉贝龙-克劳修斯（Clapeyron-Clausius）方程推导，该方程为

$$\frac{\mathrm{d}P_s}{\mathrm{d}T}=\frac{H_s}{T(V_g-V_s)} \tag{2-1}$$

式中，H_s 为物质的量气化热或蒸发热，J/mol；V_g、V_s 分别为气相和固相的物质的量体积，cm^3；T 为热力学温度，K。

由式（2-1）可以得

$$\lg P_s=A-\frac{B}{T} \tag{2-2}$$

式中，A 和 B 为特征参数。这是最简单的蒸汽压方程，适用于温度远低于临界温度的场合。但在用于正常沸点（101.325kPa 下的沸点）以下时，计算值通常偏高，且一般不适用于缔合液体（如醇类）。

饱和蒸汽压与温度的关系对薄膜制备技术很重要，利用饱和蒸汽压与温度的关系可合理选择蒸发材料，即确定蒸发条件制备性能优良的薄膜，如图 2-5 所示。

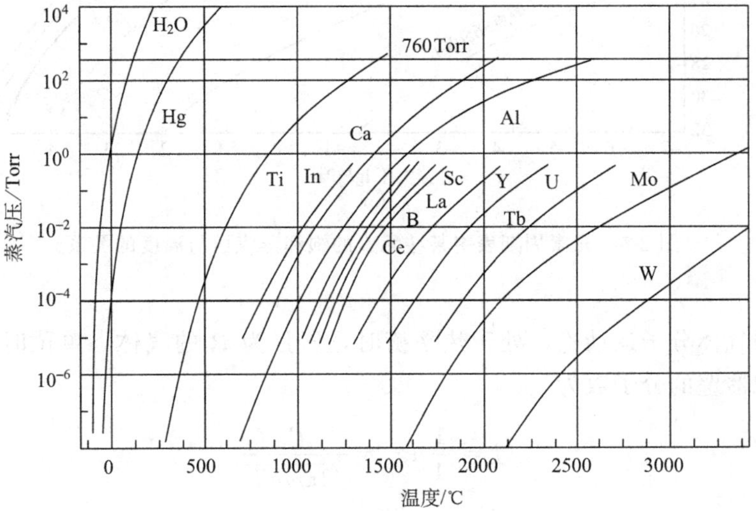

(a)

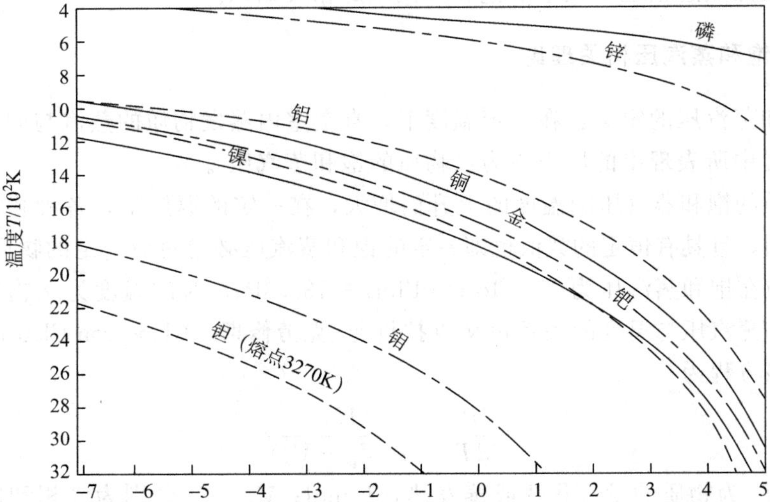

(b)

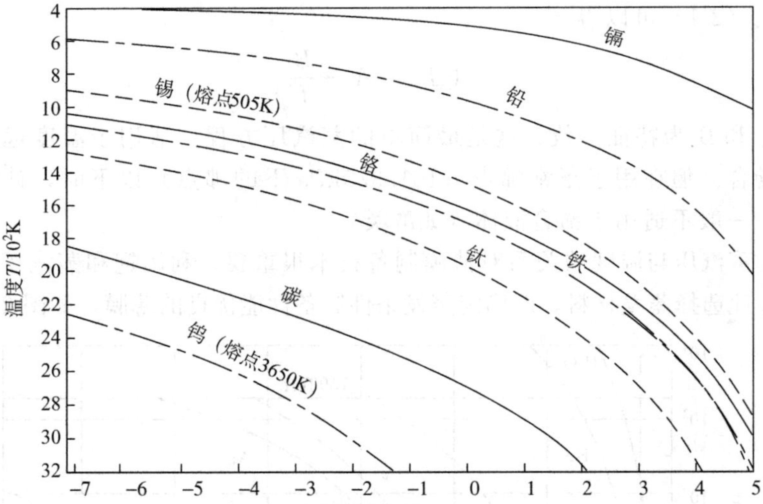

(c)

图 2-5　元素周期表中某些元素的饱和蒸汽压与温度的关系

根据气体分子运动论，处于热平衡时，压强为 P 的气体，单位时间内碰撞单位面积器壁的分子数为

$$J=\frac{1}{4}nv_{\mathrm{a}}=\frac{P}{\sqrt{2\pi mkT}} \tag{2-3}$$

式中，n 为分子密度；v_{a} 为算术平均速度；m 为分子质量；k 为玻尔兹曼常量。

蒸发材料表面液相、气相处于平衡时，蒸发速率可表示为

$$J_e = \frac{\mathrm{d}N}{A\,\mathrm{d}t} = \frac{a_e(P_s - P_k)}{\sqrt{2\pi mkT}} \tag{2-4}$$

式中，$\mathrm{d}N$ 为蒸发分子数；a_e 为蒸发系数；A 为蒸发表面积；P_k 为液相静压。

单位面积的质量蒸发速率为

$$G = \sqrt{\frac{m}{2\pi kT}}P_s \approx 4.37 \times 10^{-3}\sqrt{\frac{M}{T}}P_s \tag{2-5}$$

式中，m 为蒸发物质的物质的量。

式（2-4）确定了蒸发速率、蒸汽压和温度之间的关系。

蒸发速率除了与物质的分子量 、热力学温度和蒸发物质在蒸发时的温度有关，还与材料本身的表面清洁度有关，尤其是蒸发源的温度影响最大，如

$$\frac{\mathrm{d}G}{G} = \left(\frac{B}{T} - \frac{1}{2}\right)\frac{\mathrm{d}T}{T} \tag{2-6}$$

在蒸发温度以上进行蒸发时，蒸发源温度的微小变化即可引起蒸发速率发生很多的变化，对于金属有

$$\frac{\mathrm{d}G}{G} = (20 \sim 30)\frac{\mathrm{d}T}{T} \tag{2-7}$$

通常利用控制蒸发源的温度控制速率，但是加热时应避免出现过大的温度梯度。蒸发速率正比于材料的饱和蒸汽压，温度变化 10%，饱和蒸汽压变化一个数量级。

另外，蒸镀时材料的蒸发也与蒸发分子的平均自由程和碰撞几率有关。真空室存在两种粒子：蒸发物质的原子或分子；残余气体分子。由气体分子运动论可求出在热平衡下，单位时间通过单位面积的气体分子数，即气体分子对基片的碰撞率：

$$N_g = 3.513 \times 10^{22}\frac{P}{\sqrt{TM}} \tag{2-8}$$

蒸发分子的平均自由程为（d 为碰撞截面）

$$\lambda = \frac{1}{\sqrt{2}\,n\pi d} = \frac{kT}{\sqrt{2}\,\pi P d^2} \tag{2-9}$$

蒸发分子的碰撞百分数与实际行程对平均自由程之比，如图 2-6 所示。当平均自由程等于实际行程时，有 63% 的蒸发分子受到碰撞，如果自由程增加 10 倍，碰撞几率减小到 9%。因此，只有在平均自由程大于实际行程时，才能有效减少渡越中的碰撞。

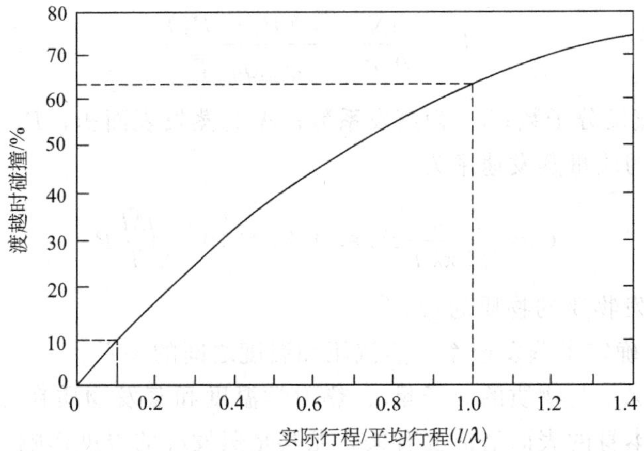

图 2-6　渡越过程中蒸发分子的碰撞几率与实际行程对平均自由程之比的关系

2.2.5　蒸发所需热量和蒸发离子的能量

电阻式蒸发源所需热量，除将蒸发材料加热所需热量，还必须考虑蒸发源在加热过程中产生的热辐射和热传导所损失的热量，即蒸发源产生的热辐射和热传导所损失的热量。蒸发源所需热量的总量 Q（即蒸发源所需要的总功）为

$$Q = Q_1 + Q_2 + Q_3 \tag{2-10}$$

式中，Q_1 为蒸发材料蒸发时所需的热量；Q_2 为蒸发源因热辐射而损失的热量；Q_3为蒸发源因热传导而损失的热量。

蒸发热量 Q 值的 80%以上是作为蒸发热而消耗，此外，还有辐射和传导损失的热量。

被蒸发的原子运动具有明显的方向性，在各方向的蒸发速率通常不同。厚度分布取决于蒸发源的发射特性、蒸发源与基片的距离及几何形状。

点蒸发源能够从各个方向蒸发等量的微小球状蒸发物，如图 2-7 所示。

$$\frac{t}{t_0} = \frac{1}{[1 + (\delta/h)^2]^{3/2}} \tag{2-11}$$

式中，h 为蒸发源与基板垂直距离；δ 为蒸发源与基板垂直距离；t_0 为点蒸发源正上方基板处薄膜的厚度。

小平面蒸发源蒸发范围局限在半球形空间，蒸发特性具有方向性，如图 2-8 所示。

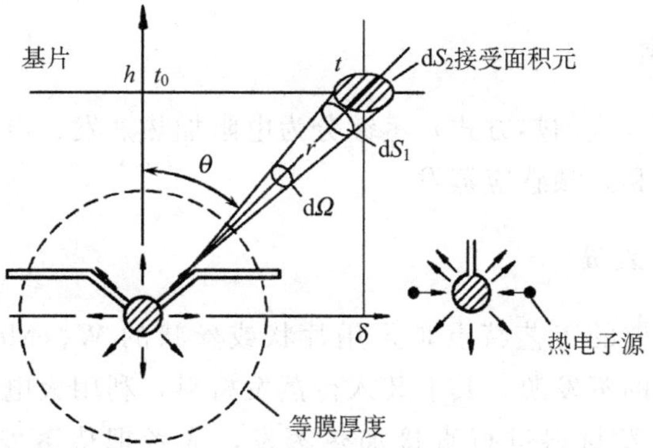

图 2-7　点蒸发源

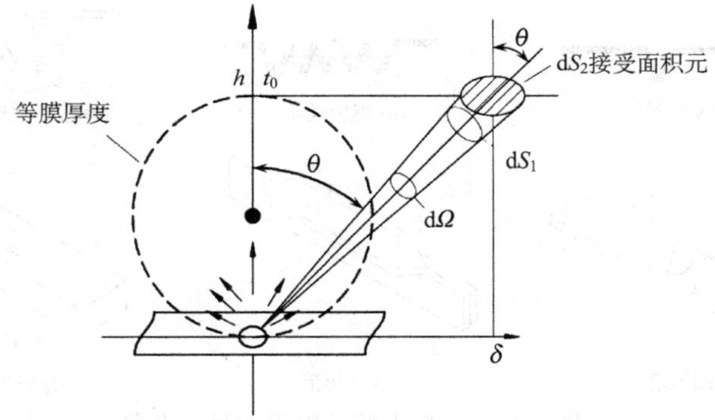

图 2-8　小平面蒸发源

基板平面内薄膜厚度分布为

$$\frac{t}{t_0}=\frac{1}{[1+(\delta/h)^2]^2} \tag{2-12}$$

点蒸发源与面蒸发源镀膜厚度分布比较如图 2-9 所示，从图中可以看出点蒸发源的厚度分布略均匀。

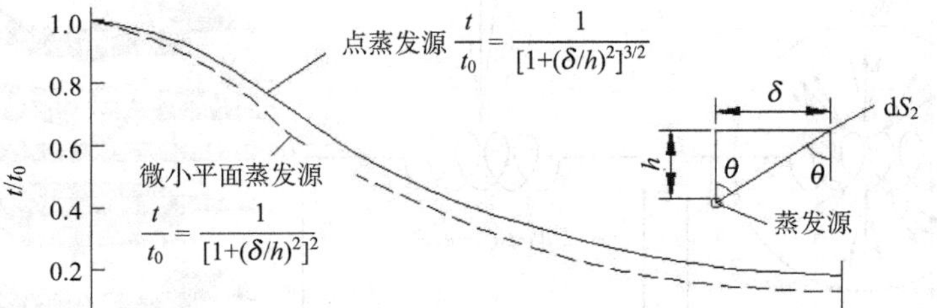

图 2-9　点蒸发源与面蒸发源镀膜厚度比较

2.2.6　蒸镀的分类

根据加热原理（或加热方式）蒸镀分为电阻加热蒸发、电子束蒸发、激光熔融蒸发、反应蒸发和高频感应蒸发。

1. 电阻加热蒸发镀

电阻加热蒸发镀的工艺特点是采用片状或丝状的 W、Mo、Ta 等高熔点金属，做成一定形状的蒸发源，其上装入待蒸发材料，利用大电流通过蒸发源所产生的焦耳热，对蒸发材料进行直接加热蒸发，或者把待蒸发材料放入 Al_2O_3、BeO 等坩埚中进行间接加热蒸发。图 2-10 所示为各种形状的电阻蒸发源。

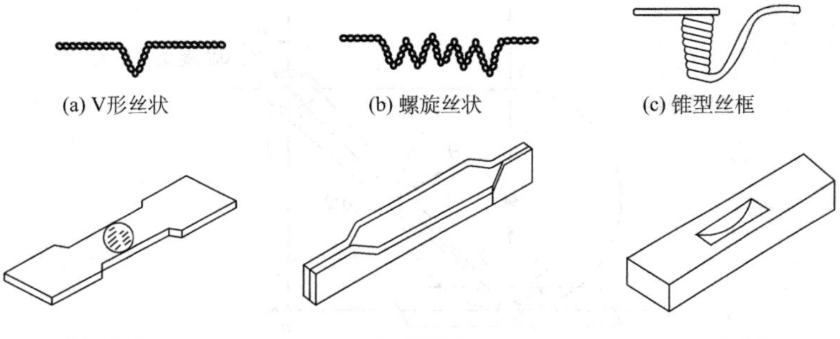

图 2-10　不同形状的电阻加热蒸发源

电阻加热蒸发的特点：①结构简单，成本低廉，操作方便；②支撑坩埚及材料与蒸发物反应；③难以获得足够高温蒸发介电材料（如 Al_2O_3、TiO_2 等）；④蒸发率低；⑤加热导致合金或化合物分解；⑥可制备单质、氧化物、介电和半导体化合物薄膜。电阻加热蒸发过程如图 2-11 所示。

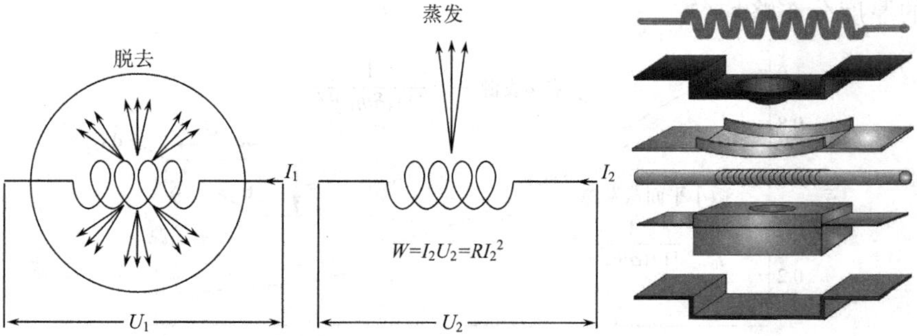

图 2-11　电阻加热蒸发过程

2. 电子束蒸发镀

电子束蒸发是将蒸发材料置于水冷坩埚中，利用电子束直接加热使蒸发材料汽化并在衬底上凝结形成薄膜，是蒸镀高熔点薄膜和高纯薄膜的一种主要加热方法。大致过程为电子束通过 5～10kV 的电场加速后，聚焦并打到待蒸发材料表面，电子束将能量传递给待蒸发材料使其熔化，电子束迅速损失能量。电子束蒸发系统的核心部件是电子束枪（热阴极和等离子体电子）。电子束聚焦方式为静电聚焦和磁偏转聚焦。电子束产生后，需要对它进行聚焦而使其能够直接打到被蒸发材料的表面。电子束蒸发装置需要发射电子的电子枪，电子枪根据电子束聚焦方式的不同可以分为直式电子枪（见图 2-12）、环形枪（电偏转）（见图 2-13）和 e 形枪（磁偏转）（见图 2-14）。

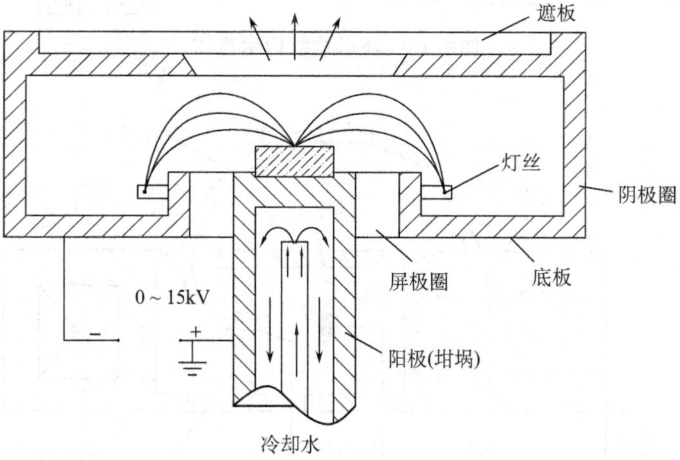

图 2-12　直枪结构示意图

直式电子枪的优点：使用方便；功率变化范围广；易于调节。缺点：设备体积大；结构复杂；成本高；易污染。

环形枪的优点：不易污染；功率大；可蒸发高熔点材料；成膜质量较好。缺点：要求高真空；设备成本高；易污染、斑点固定、易“挖坑”；功率和效率都不高。

e 形枪的优点：不易污染；功率大；蒸发高熔点材料；成膜质量较好。缺点：要求高真空；设备成本高。

综合来看，电子束蒸发源的优点包括：①电子束轰击热源的束流密度高，能获得比电阻加热源更大的能量密度，达到 10^4～10^9 W/cm^2 的功率密度，可以使熔点 3000℃的材料蒸发，如 W、Mo、Ge、SiO_2、Al_2O_3 等；②被蒸发材

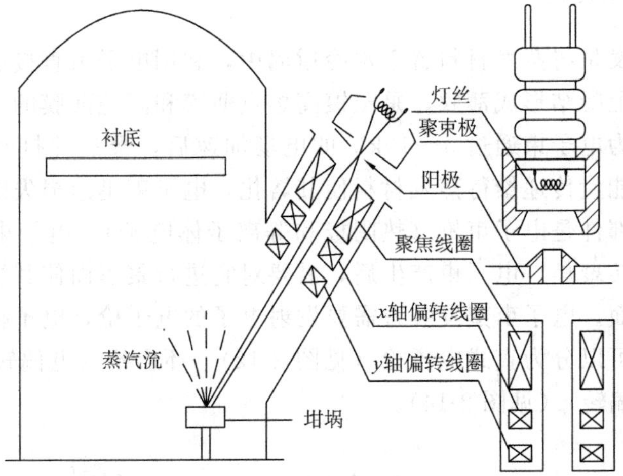

图 2-13　环形枪结构示意图

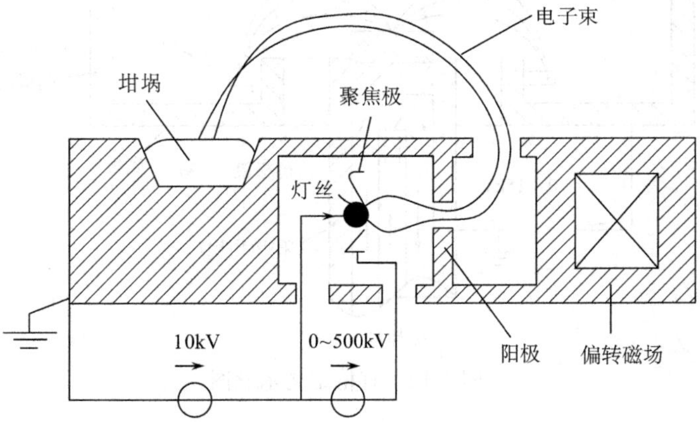

图 2-14　e 形枪结构示意图

料可置于水冷坩锅中，避免容器材料蒸发及其与蒸发材料反应；③热量可直接加到蒸镀材料的表面，热效率高，热传导和热辐射损失小。电子束蒸发源也有一定的缺点：①电子枪发出的一次电子和蒸发材料发出的二次电子会使蒸发源和残余气体分子电离，影响膜层质量（一般可通过选择电子枪的形状解决）；②电子束蒸镀装置结构复杂、价格昂贵；③加速电压高时，产生软 X 射线，可能伤害人体。

3. 激光熔融蒸发镀（PLD）

激光熔融蒸发的工作原理是采用激光束作为蒸发材料的一种热源，让高能量的激光束透过真空式窗口，对蒸发材料加热蒸发，通过聚焦可使激光束功率密度提高到 $10^6 W/cm^2$，如图 2-15 所示。激光加热蒸发特点：①激光清洁、加热温度高，避免坩埚和热源材料的污染；②可获得高功率密度激光束，蒸发速率高，易控制；③容易实现同时或顺序多源蒸发；④比较适用成分复杂的合金或化合物材料；⑤热源在室外，简化了真空室；非接触加热，无污染，适于超高真空下制取纯洁薄膜；⑥易产生微小的物质颗粒飞溅，影响薄膜性能；⑦费用高，并非所有材料均能适用。

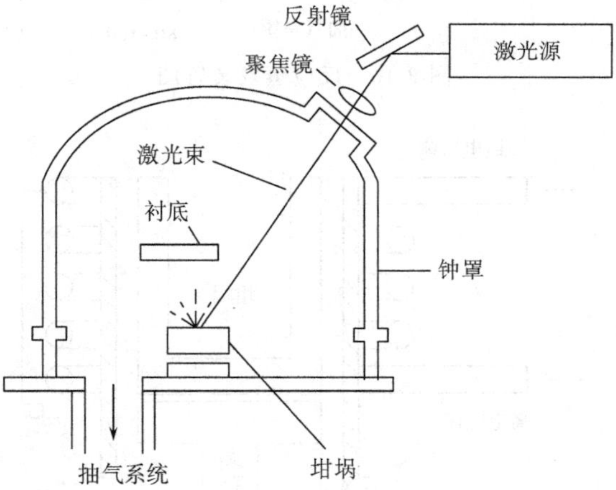

图 2-15　激光蒸发装置

4. 反应蒸发镀

反应蒸发的工作原理是在一定反应气氛中蒸发金属或低价化合物，使之在沉积过程中发生化学反应而生成所需的高价化合物薄膜（见图 2-16）。反应蒸发法是真空镀膜方法的一种改进，其特点是产生等离子体，使蒸发材料和反应气体电离活化，提高反应效率。

5. 高频感应蒸发镀

高频感应蒸发的工作原理是线圈在高频磁场作用下因产生强大的涡流损失和磁滞损失而升温，使材料受热蒸发（见图 2-17）。高频感应蒸发的优点：①污染少；②蒸发速率大；③不易产生飞溅；④操作简单。其缺点：①不能预除气；②功率不能微调；③装置复杂、昂贵。

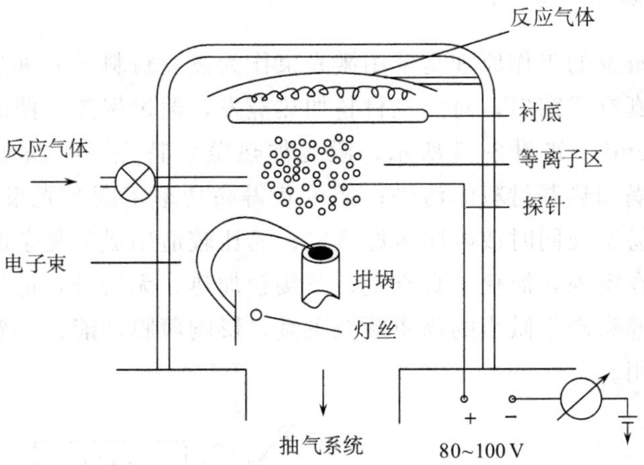

图 2-16　反应蒸发装置图

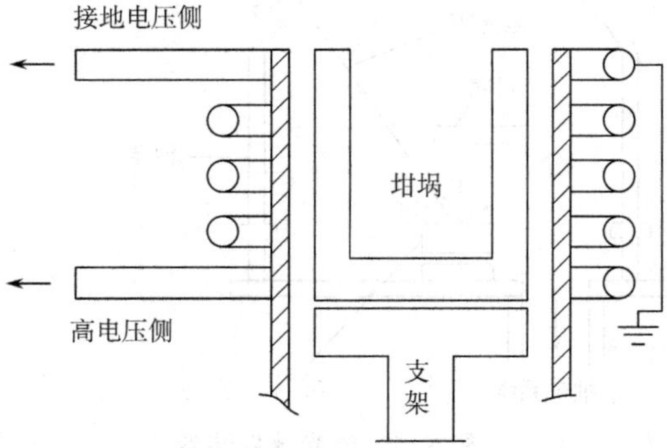

图 2-17　高频感应加热装置

2.3　磁控溅射技术

2.3.1　溅射镀膜原理

1. 溅射现象

溅射现象很早就被人们认识。用高能粒子（大多数是由电场加速的气体正离子）撞击固体表面（靶），使固体原子（或者分子）从表面射出的现象称为溅射。一般是用带有几十电子伏以上动能的粒子或粒子束照射固体表面，而使固体表面的原子或分子获得能量射出。

溅射是一个复杂的散射过程，同时还伴随着多种能量传递机制。图 2-18 表示离子和固体表面相互作用的关系及各种溅射产物。伴随着离子轰击，由固体表面溅射出中性原子或分子，这就是溅射沉积的基本条件。放射出的二次电子是溅射中维持辉光放电的基本粒子，并使基板升温，其能量与靶的电位相等。正二次离子对溅射过程是不重要的，它只在做表面分析的二次离子质谱术中应用。如果表面是纯金属，工作气体是惰性气体，则不会产生负离子。另外溅射过程中还伴随有气体吸附、加热、扩散、结晶变化和离子注入等现象。溅射过程中的能量分配是不均匀的，大约 95％的能量以热能的方式被损耗掉，只有 5％的能量传递给二次发射的粒子。例如，在 1kV 的离子能量下，溅射的中性粒子、二次电子和二次离子之比大约为 100 ：10 ：1。

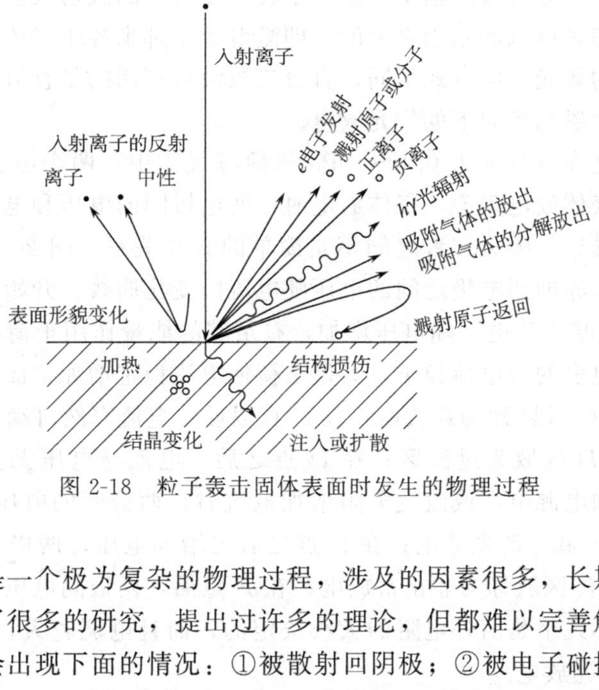

图 2-18　粒子轰击固体表面时发生的物理过程

由于溅射是一个极为复杂的物理过程，涉及的因素很多，长期以来对于溅射机理虽然进行了很多的研究，提出过许多的理论，但都难以完善解释。溅射出的表面原子可能会出现下面的情况：①被散射回阴极；②被电子碰撞发生电离，或被亚稳原子碰撞电离，产生的离子加速返回阴极，或产生溅射作用或在阴极区损失掉；③荷能中性粒子的形式沉积到基片或其他某些部位上，即溅射镀膜的过程。

通过大量的实验研究，对溅射这一重要物理现象得出以下几点结论：

(1) 溅射率随入射离子能量的增加而增大，而在离子能量增加到一定程度时，由于离子注入效应，溅射率将随之减小；

(2) 溅射率的大小与入射粒子的质量有关；

(3) 当入射离子的能量低于某一临界值(阈值)时,不会发生溅射;

(4) 溅射原子的能量比蒸发原子的能量大许多倍;

(5) 入射离子的能量很低时,溅射原子角分布就不完全符合余弦分布规律,角分布还与入射离子方向有关,从单晶靶溅射出来的原子趋向于集中在晶体密度最大的方向;

(6) 因为电子的质量很小,所以即使使用具有极高能量的电子轰击靶材也不会产生溅射现象。

2. 溅射镀膜

如果使固体原子从表面射出来的物质沉积到基片或工作表面形成薄膜的方法称为溅射镀膜法。溅射镀膜基于荷能离子轰击靶材时的溅射效应,而整个溅射过程都是建立在辉光放电的基础之上的,即溅射离子都来源于气体放电。不同的溅射技术所采用的辉光放电方式不同,直流二极溅射利用的是直流辉光放电,磁控溅射是利用环状磁场控制下的辉光放电。

辉光放电是在真空度为 0.1～10Pa 的稀薄气体中,两个电极之间加上电压时产生的一种气体放电现象。气体放电时,两电极间的电压和电流的关系不能简单用欧姆定律描述,因为二者之间不是简单的直线关系。图 2-19 给出了直流辉光的形成过程,亦即两电极之间的电压随电流的变化曲线。开始加电压时电流很小,AB 区域为暗光放电;随电压增加,有足够的能量作用于荷能粒子,它们与电极碰撞产生更多的带电荷粒子,大量电荷使电流稳定增加,而电源的输出阻抗限制着电压,BC 区域称汤森放电;在 C 点以后,电流突然自动增大,而两极电压迅速下降,CD 区域为过渡区;在 D 点之后,电流与电压无关,两极间产生辉光,此时增加电源电压或改变电阻增加电流时,两极间的电压几乎维持不变,D 至 E 点之间区域为辉光放电;在 E 点之后再增加电压,两极间的电流随电压增大而增大,EF 区域称为非正常放电;在 F 点后,两极间电压降至已很小的数值,电流的大小几乎是由外电阻的大小决定的,而且电流越大,极间电压越小,FG 区域叫做弧光放电。

辉光从阴极到阳极可分为八个区,其中的阿斯顿暗区、阴极辉光区、克鲁克斯暗区总称为阴极位降区。阴极位降区是维持辉光放电不可缺少的区域,辉光放电的基本过程都是在这里完成的,极间电压主要落在这个区域之内,使辉光放电产生的正离子撞击阴极,把阴极物质打出来,这就是一般的溅射法。为使轰击靶的离子具有高能量、高密度,从而获得对靶面均匀、高速率溅射,溅射镀膜时的靶(阴极)与阳极之间放电是处于异常辉光放电模式。为维持稳定放电,阳极一般放在距靶 3～4 倍阴极位降区宽度位置。

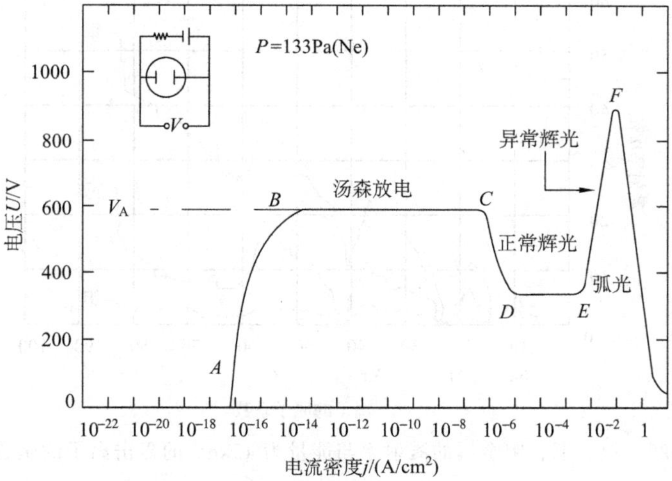

图 2-19　直流辉光放电伏安特性曲线

溅射镀膜的方式主要有直流溅射、直流磁控溅射、射频溅射、脉冲溅射和反应溅射。其中射频溅射过程中包括反应溅射过程，所以本章不再单独介绍反应溅射。

溅射过程中的一个重要的工艺参数就是溅射率，影响溅射率有很多种因素，其中入射正离子的能量、入射离子的种类、离子入射角和靶材温度等因素对溅射率都有重要的影响，分别如图 2-20～图 2-23 所示。

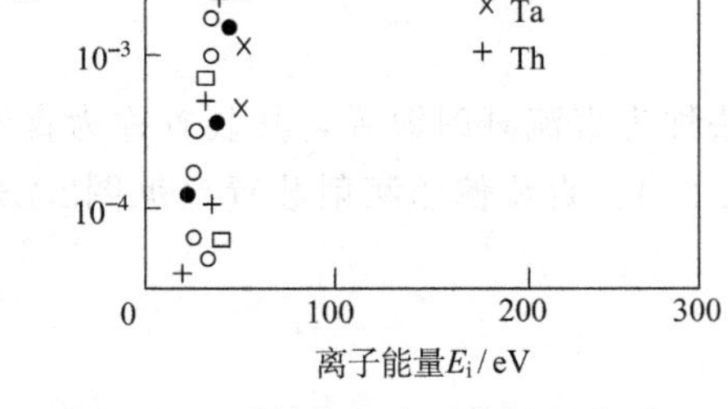

图 2-20　溅射率与离子能量的关系

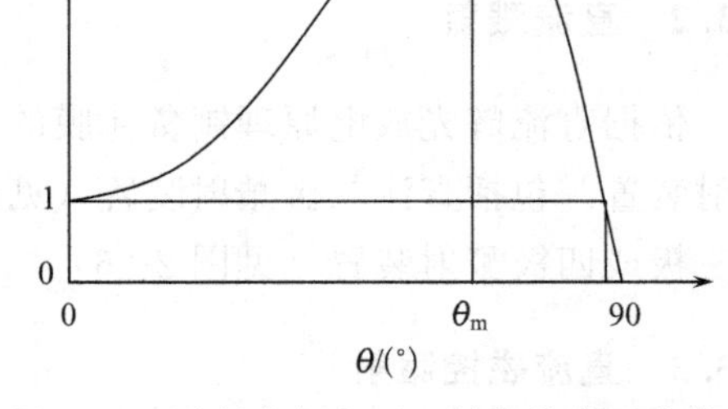

图 2-21　溅射率与离子入射角的典型曲线

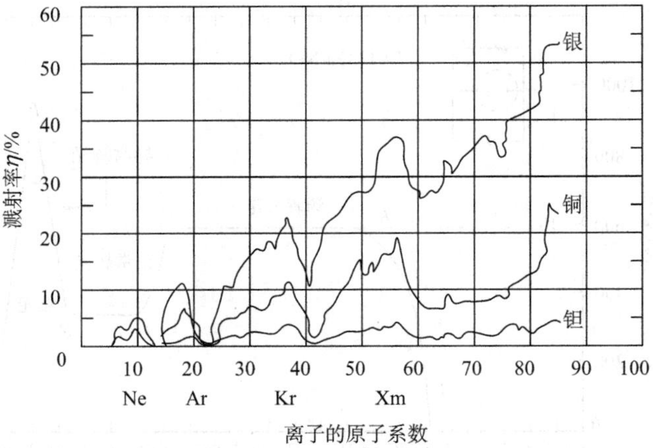

图 2-22　银、铜、钽金属的溅射率与能量为 45keV 的轰击离子的函数关系

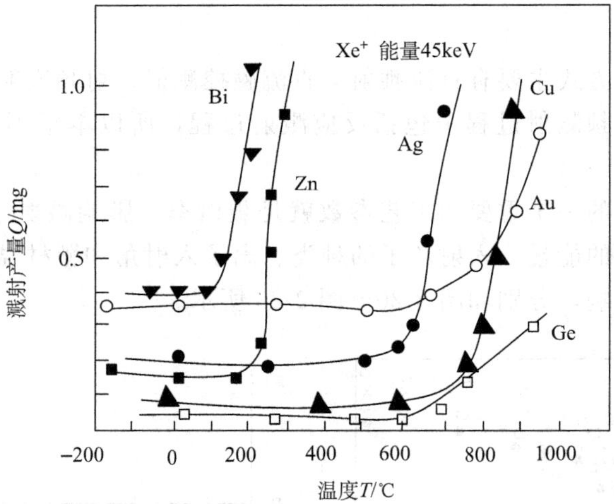

图 2-23　几种靶材的溅射率与温度的关系

2.3.2　直流溅射

依据直流辉光放电原理制备薄膜的方法称为直流溅射镀膜，其装置称为直流溅射装置。包括直流二极溅射装置（见图 2-24）、直流偏压溅射装置（见图2-25）和三极或四极溅射装置（见图 2-26）。

2.3.3　直流磁控溅射

直流磁控溅射（magnetron-sputtering）（简称磁控溅射）是 20 世纪 70 年代

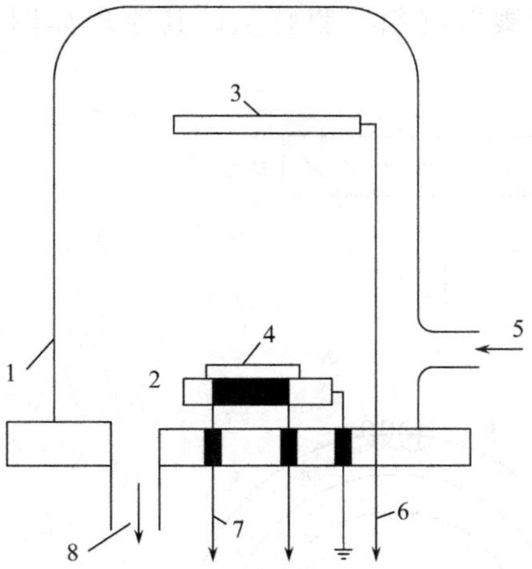

图 2-24　直流二极溅射装置

1—真空室；2—加热器；3—阴极靶；4—基体（阳极）；5—氩气入口；6—负高压电源；7—加热电源；8—真空系统

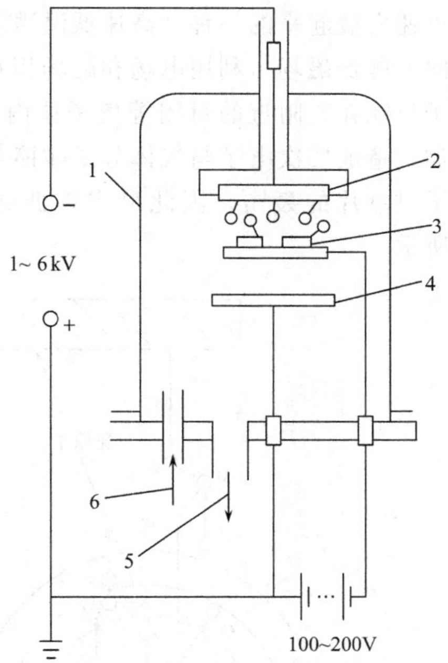

图 2-25　直流偏压溅射装置

1—溅射室；2—阴极；3—基体；4—阳极；5—排气系统；6—氩气入口

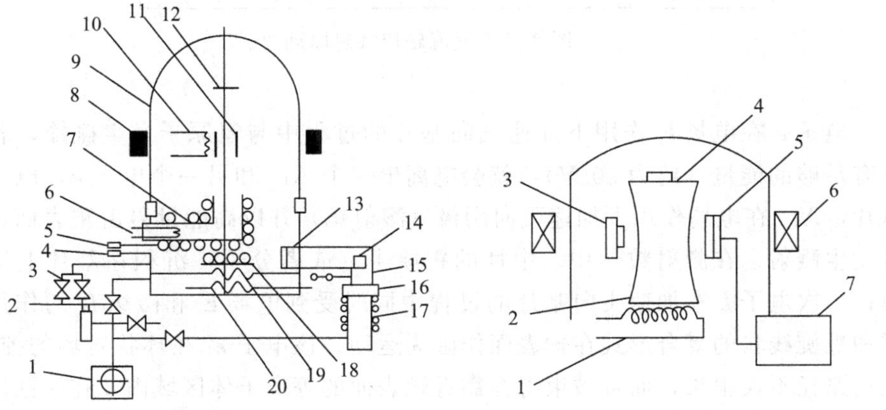

(a)

1—机械泵；2—阀；3—可调漏泄阀；4—低真空计；5—高真空计；6—阴极；7—稳定性电极；8—电磁线圈；9—溅射室；10—蒸镀基体灯丝；11—靶；12—阳极；13—闸阀；14—液氨阱；15—放气阀；16—液氮阱；17—扩散泵；18—水冷密封板；19—钛升华泵；20—加热器

(b)

1—热阴极；2—稳定性电极；3—基体；4—阳极；5—靶；6—线圈；7—靶电源

图 2-26　四极溅射装置

迅速发展起来的一种“高速低温溅射技术”。磁控溅射法是在与靶表面平行的方向上施加磁场，利用电场和磁场相互垂直的磁控臂原理，使靶表面发射的二次电子只能在靶附近的封闭等离子体内作螺旋式运动，二次电子在阴极区的行程增加，造成二次电子与气体分子碰撞几率增加，电离效率提高；同时减少了二次电子对基片的轰击，因此可实现低温高速溅射沉积薄膜特点，其原理如图 2-27 所示。

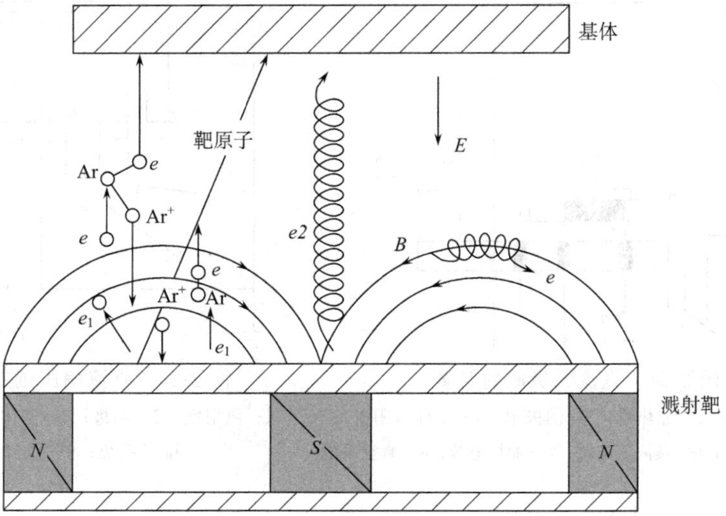

图 2-27　直流磁控溅射原理图

电子 e 在电场 E 作用下加速飞向基片的过程中与氩原子发生碰撞，若电子具有足够的能量（约为 30eV），就会电离出一个 Ar^+ 和另一个电子 e，电子飞向基片，Ar^+ 在电场作用下加速飞向阴极（溅射靶）并以高能量轰击靶表面，使靶材发生溅射。在溅射粒子中，中性的靶原子（或者分子）沉积在基片上形成薄膜；二次电子 e 在加速飞向基片的过程中同时受到电场 E 和磁场 B 的作用，以摆和螺旋线状的复合形式在靶表面作圆周运动。该电子 e_1 在环状磁场的控制下，运动路径不仅很长，而且被束缚在靠近靶表面的等离子体区域内，在该区域中电离出大量的 Ar^+ 用来轰击靶材，从而实现磁控溅射沉积速率高的特点。随着碰撞次数的增加，电子 e_1 的能量逐渐降低，同时 e_1 逐步远离靶面，并沿着磁力线来回振荡，待电子能量消耗尽时，在电场 E 的作用下最终沉积在基片上。由于该电子的能量很低，传给基片的能量很小，致使基片升温较低。由于磁极轴线处电场与磁场平行，电子 e_2 将直接飞向基片。但是，在磁控溅射装置中，磁极轴线处离子密度很低，所以 e_2 类电子很少，对基片升温作用极小。可见这就是利用磁控溅射具有“低温”、“高速”两大特点的机理制备薄膜。

磁控溅射从结构上可分为平面形、圆柱形和 S 枪形；从功率源上可分为直流磁控和射频磁控两种。直流磁控溅射可用于溅射金属等良导体材料，当靶为绝缘体时，由于撞击到靶上的离子会使靶带电，使靶的电位升高，导致离子不能继续对靶轰击，因此直流磁控溅射法不能溅射绝缘体材料；而射频磁控溅射是在射频电压作用下，利用电子和离子运动特征的不同，在靶的表面感应出负的直流脉冲，产生溅射现象，因此射频磁控溅射可以适用于任何靶材。目前应用最广的是直流或射频平面磁控溅射。

在溅射过程中，溅射沉积的薄膜表面会吸附一些残余气体，这会影响薄膜的质量。在磁控溅射中，可以在基片上加上 100～300V 的负偏压，对基片相当于阴极，所以会受到正离子的不断轰击，具有一定能量的正离子可将吸附的气体杂质轰击掉。此项技术已经被广泛应用到磁控溅射法制备多层膜的过程中。

由于磁控溅射过程中，工艺条件十分稳定，因此靶材的溅射速率也十分稳定。所以在磁控溅射系统中，利用计算机进行时间控制从而实现膜厚控制，采用此方法进行膜厚控制可以达到很高的控制精度，而且所制备的膜层附着性好，致密、纯度高，镀膜时衬底保持常温，是当今薄膜制备的主要技术之一。

2.3.4　射频溅射

磁控溅射技术只能用于沉积金属或导电薄膜而不适用于制备绝缘体薄膜，原因是轰击离子的正电荷不能被及时中和，大部分电荷因此集中在两端绝缘体上，留在气体中的很少，这样无论离子的到达速率还是离子的能量，都不足以造成明显的溅射。也就是说，当正离子轰击到靶子表面时把动能传递给靶面，但正离子本身却留在了靶面上并聚集起来，这些正电荷所产生的电场排斥后面射向靶面的离子，从而迫使溅射停止。为了溅射绝缘体材料，通常采用射频溅射技术，运用最多的是高频溅射技术。利用正离子和电子对靶面的轮番轰击而中和离子的电荷，从而使溅射持续进行。该技术是适用于各种金属和非金属材料的一种溅射沉积方法。理论上，高频溅射技术可以用来沉积任何物质（导电和非导电）的薄膜，这种多面性是它区别于其他沉积方法的主要优点。高频溅射的另一个主要应用是作为广泛的非化学蚀刻技术。

1. 高频溅射原理

1）高频辉光放电和等离子层的形成

采用高频溅射时，为了获得高能量的射向靶面的正离子流，置于放电中的靶子的表面必须有较高的负电位，这种负电位来自所加的高频电场与等离子区中固体表面的伏安特性间的相互作用。

当把一个随时间变化的电位加于靶子背面的金属电极时，通过靶子的阻抗，在靶子的正面也会出现另一个随时间变化的电位。气体在高压下被击穿开始放电时，电流就从等离子区流向靶面，电子强度的大小取决于等离子区的伏安特性(见图 2-28（a）)。因为等离子区中的电子运动速度比离子的高得多，所以射向靶面的电子流最初比离子流强得多，靶面因此将得到负电荷，直到靶面电位降到使抵达靶面的净电荷等于零，这时靶面便获得一个稳定负电位。

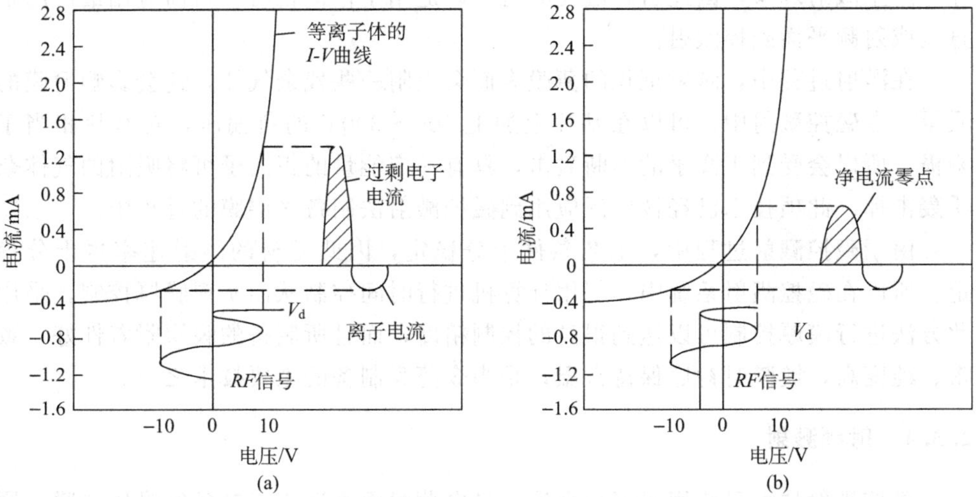

图 2-28　电子的伏安特性曲线

假定靶面的直流电位保持恒定，交流电位在等离子区随时间而变化，那么过剩的电子流就会始终不断地射向靶面。因为没有净电荷通过靶子，即到达靶面的正离子流量和过剩电子流量相等，所以靶子的净直流电流必定为零。这就是说靶面电位至多只能稍微变正，其负峰值必须是近似于所加高频电位正负峰间的幅值。

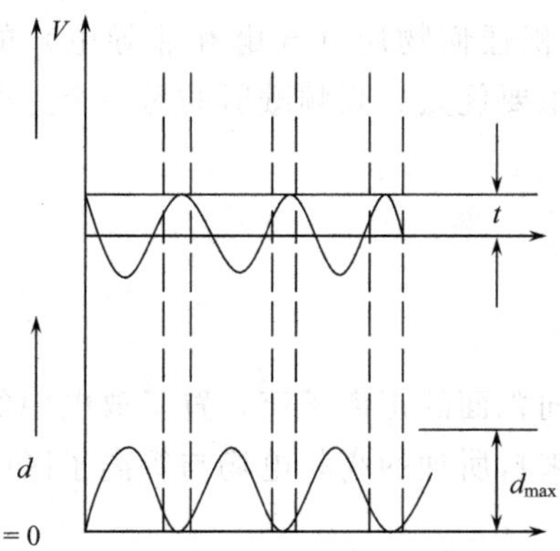

图 2-29　靶材电位随时间的变化曲线

图 2-29 表示随时间变化的靶子电位。由于靶子电位相对于等离子区为负，所以迫使电子离开靶面，结果在靶面附近形成肉眼可见的暗区——正离子区，正离子区的电位随靶面变化，离子区中的正离子由于靶面负电位的吸引而趋向靶子，其能量分布近似于正弦函数，平均值略低于所加信号峰值，波形稍受截削。

为了使图 2-29 所示的稍正的靶子电位减至最小（即防止靶面上过剩的正电荷聚集），施加的电位须有很高的频率，因为在低频率下，正离子能很好地跟踪所加的信号，图 2-28 中伏安特性曲线趋向直线。这时，正离子将会聚集在靶面上，从而使离子的平均能量显著降低，以致难以持续进行有效的溅射。因此从电荷聚集这点来看，应有尽可能高的频率（但频率不能增高至微波段，因为图 2-28 的等离子区伏安特性曲线对微波段是不适用的）。

2）溅射气体和反应溅射

溅射气体通常是根据以下三点选择的：①必须对被溅射的材料呈惰性；②必须具有高的溅射速率；③要易于得到高纯度，而且价格便宜。因为氩气最接近满足上述要求，所以通常都选用氩气作为溅射气体。

脱离靶面的物质处于高能态（2～10eV），极易参加化学反应和被吸收，因此，当要沉积纯靶面物质薄膜时，必须把所有活性气体从溅射系统中排除，同时还要确保靶面清洁及靶面同体材料的化学成分的一致。

有意识地把反应气体引入溅射气体中以改变和控制沉积薄膜成分的方法称为反应溅射。利用这种技术，可沉积各种绝缘体、半导体和各种金属化合物薄膜。在溅射气体中掺入氧、氮、甲烷或一氧化氮、硫化氮等已制备出了氧化物、氮化物、碳化物和硫化物薄膜。还利用溅射气体掺氢的方法制备了非晶硅氢合金薄膜。虽然可以采用纯的反应气体，但通常还是将惰性气体与少量反应气体混合使用。在沉积绝缘体薄膜时，这种方法更优越，因为若反应气体的浓度很高，则阴极表面将被绝缘体的化合物所覆盖，从而显著降低溅射速率。

在很多情况下，可以简单地通过改变放电中反应气体和惰性气体的比例而使沉积薄膜的性质发生很大的变化，这已成为目前制造电路薄膜的最重要的工艺之一，因为它能对薄膜的特性进行必要的控制并提供灵活性。为了得到任何特定性质的薄膜，放电中所需要的反应气体和惰性气体的比例取决于许多因素，其中最重要的有：

（1）沉积速率，薄膜的沉积速率应与反应气体相适应。确切地说在其他相同的条件下，薄膜沉积越快需要的反应气体越多，这样才能使所需要的薄膜特性保持一致。

（2）系统的总气体通过量。在溅射中反应气体被迅速吸收，因此若系统的总压力保持一定，反应气体所占的百分比将随气体通过量的增加而降低。

（3）溅射过程中的总压力。用于沉积薄膜的反应气体含量必须进行控制，若溅射总压力改变，为了保证同一薄膜性质，反应气体的含量亦需改变 。一般地，当总压力增加时，反应气体的浓度必须降低。

根据上述因素，为了得到特定性质的薄膜，一个重要条件是必须保持薄膜沉积速率和反应气体到达衬底的速率比恒定不变。

3）溅射系数

溅射原子数与轰击离子数之比，称为溅射系数。溅射系数不仅取决于轰击离子的能量，同时也取决于其质量（即溅射系数与轰击离子的原子序数有关）。随着离子质量的增大，溅射系数保持总体上升趋势，但其中也有与周期表的周期相吻合的起伏现象。值得注意的是，最大溅射系数总是出现在代表稀有气体的位置上。迄今为止，对于上述周期性尚无充分的理论根据解释。

图 2-30 所示为溅射系数与轰击离子能量之间的典型关系曲线。这一曲线可分为三部分：第一部分，为没有或几乎没有溅射的低压区域；第二部分，离子能量为 70～10^4eV，这是溅射系数随电压增大的区域，大部分研究工作集中在这一区域；第三部分，离子能量为 3×10^4eV 以上，这时溅射系数随电压上升而下降，这种下降被认为是由于此时的离子轰击深入到了靶子体内，将大部分能量损失在体内而不是在表面。轰击离子越重，出现这种下降的能量就越高。

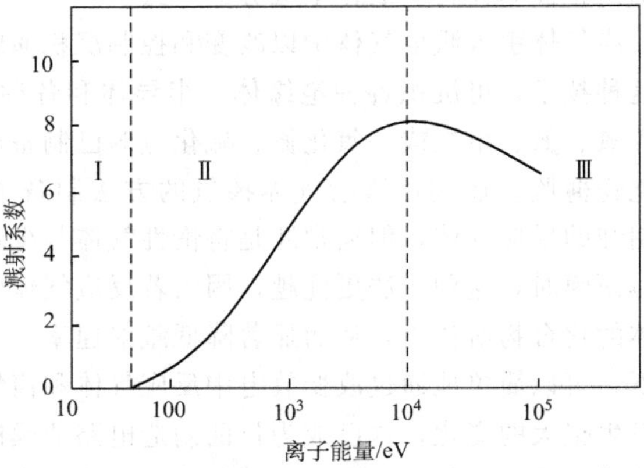

图 2-30　氩离子轰击铜靶时溅射系数与离子能量的关系曲线

因为溅射的确切机理随着靶子材料的不同而有所差异，所以溅射系数和靶子材料之间的关系也是极为重要且又相当复杂的。一般情况下，因放电产生的高能正离子将动量传给靶子表面，会引起靶面的分裂，所以，靶子的弹性常数和靶子材料中原子键或分子键的强度是很重要的参数。

实验证明，单金属的溅射速率最高，合金的溅射速率低于组成合金的相关金属。对于绝缘体，非晶体（如玻璃）的沉积速率最高，复合晶体（如 $BaTiO_2$ 等）的沉积速率最低，单晶体（如 Al_2O_3）的沉积速率在二者之间。迄今的发现表明，SiO_2 的沉积速率高于用于溅射的任何一种玻璃。

4）沉积速率

影响沉积速率的因素很多，如靶子材料、溅射气体（一种或几种）、气体压力、放电参数（包括接地的质量）、磁场、靶子与衬底的间隔、靶子面积以及衬底温度等。

5）放电参数（高频电压、电流和功率）

图 2-31 所示为 SiO_2 的沉积速率与高频电压、电流和功率三者之间的关系。图中的电流、电压和功率各值仅限于放电本身，并不包括系统中其他部分的损耗。显然共振条件下的均方根值功率是溅射过程中最简单和最容易监控的参数。

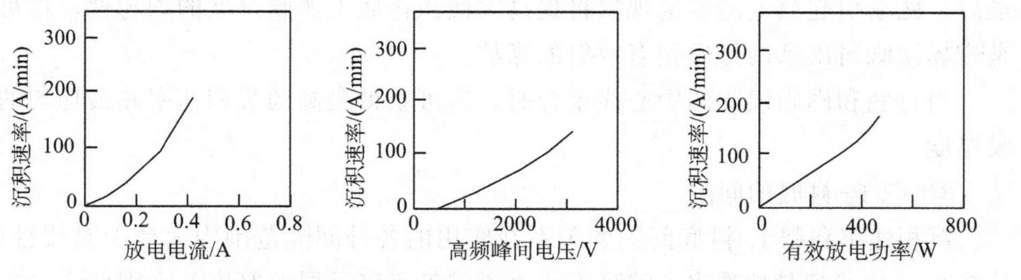

图 2-31　SiO_2 的沉积速率与高频电压、电流和功率之间的关系

从图 2-31 中也可看出，要达到最高的沉积速率，应采用最大可触电流。虽然这一结论一般是正确的，但在大多数实际应用中可利用的功率并不能无限增大。既能增加电流又不增加电压的唯一途径是增大等离子体的压力。

此外还应指出，若能提供一种理想的接地回路，沉积速率会更高一些。

6）气体压力

实验发现，不管采用何种溅射气体，在 $2\times10^{-3}\sim1.5\times10^{-2}$ Torr 的压力范围内，沉积速率保持恒定，压力在增高，沉积速率迅速下降（见图 2-32）。这是因为虽然轰击离子的浓度随压力而增高，但溅射出来的物质的平均自由程却随压力的增加而减小，从而溅射原子通过扩散返回靶面的几率也随之增加。在沉积速率恒定的范围内，这些对立因素互相抵消。

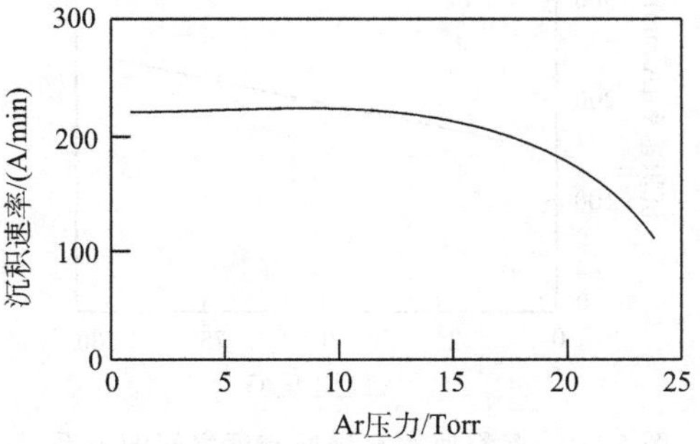

图 2-32　沉积速率与氩气压力之间的关系

7）磁场效应

垂直于靶面的磁场将产生一系列的效应。首先放电电子被迫沿着螺旋型轨道运动，轨道的半径为

$$R=\frac{m_0 v\sin\varphi}{eB} \tag{2-13}$$

式中，m_0 是电子质量；v 是电子速度；e 是电子电荷；φ 是电子的发射角；B 是

磁感应强度。v 和 φ 在高频放电中变化很大，因此 R 在一定范围内变化。但磁场的净效应是增大电子轨道，这样就增加了离子化碰撞的机会，因而获得较高的离子浓度。较高的离子浓度导致高的沉积速率（见图 2-33）。

其次，较高的磁场也能以较低的气体压力和较小的靶子-衬底间隔维持放电。最后，磁场引起放电的紊乱现象将提高大面积衬底上薄膜厚度的均匀性，这可能是磁场使溅射出来的物质稍有散射的缘故。

当衬底和砺磁线圈的中心线重合时，就可获得最高的沉积速率和最均匀的薄膜厚度。

8）靶子-衬底的间隔

沉积速率和靶子-衬底间隔的关系在实用的各种间隔范围内大致上是线性的。从图 2-34 中可清楚地看出，间隔不能小于或等于离子层的厚度，否则就不会发生放电或无法维持放电。在压力约为 1.5×10^{-2} Torr 下，间隔缩至 2.2cm 时仍能保持放电，但却不易控制。大多数情况下，合理的间隔为 2.5～3.0cm，这样即使使用活性气体，也能容易控制放电参数。另外，溅射系统中任何部件如过于靠近靶子都将影响辉光放电特性，从而严重降低沉积速率和影响沉积薄膜的厚度分布。

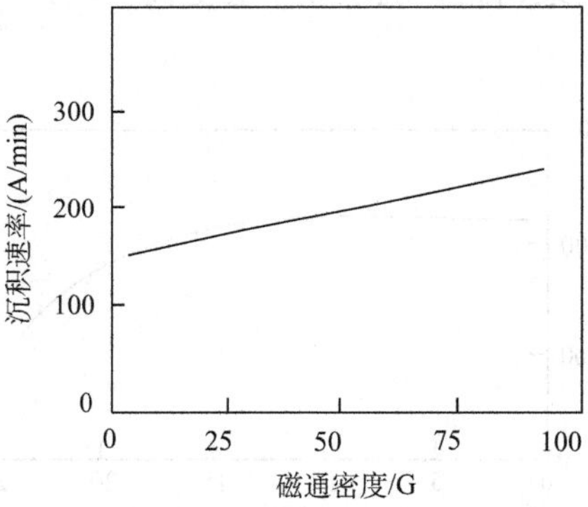

图 2-33　沉积速率与磁通密度之间的关系

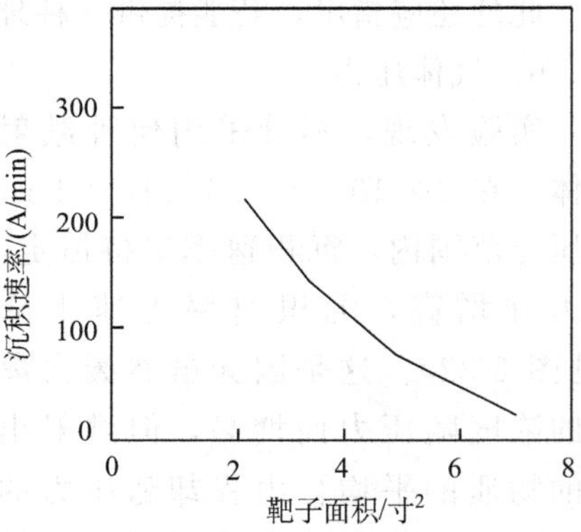

图 2-34　沉积速率与靶子面积之间的关系

9）靶子面积

如图 2-35 所示，沉积速率是靶子面积的$\frac{3}{2}$次方的函数，这是从下面两点分别推定的。第一，如果靶子厚度为一定值，靶子阻抗与面积成反比，因此放电功率随着面积的增大而升高。第二，从靶子溅射出来的物质，其发射角度从接近 0°～90°不等。对于小靶子，以小角度溅射出来的物质不能到达衬底，而是被收集在溅射系统的钟罩壁上。随着靶子面积的增大，以小角度溅射出来物质是按半球形分布的，这取决于该效应的沉积速率与靶子半径成正比。结合以上几点，沉积速率应与（面积）$\frac{3}{2}$ 或（半径）^{3} 成正比。

此外，薄膜厚度的均匀性在很大程度上也取决于靶子面积。在与靶子同心的那一部分，发现薄膜厚度的均匀性在5%以内。

10）衬底温度

在沉积过程中，加热衬底会降低沉积速率，挥发性物质尤为显著。溅射出来的物质到达衬底时能量是相当高的，可使衬底温度上升。如果再加热衬底，就会发生衬底的升华，结果降低净沉积速率。

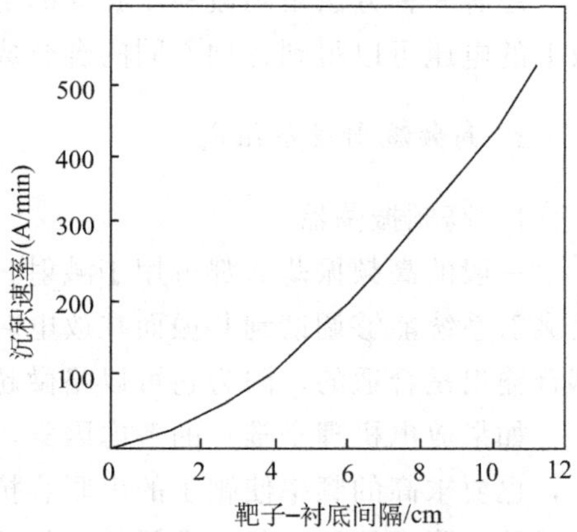

图 2-35　沉积速率与靶子–衬底间隔之间的关系

另外，沉积薄膜的结构与特性在很大程度上也取决于沉积速率和衬底温度。例如，a-Si：H 薄膜中的氢含量和 Si-H 键合方式与沉积速率和衬底温度就有很大的关系。

11）合金沉积

利用溅射技术制造合金薄膜较之蒸发法有若干优点。溅射薄膜的化学成分通常与溅射阴极（靶材）相同，至少在经过某一短暂的平衡时间后将是如此。即使靶材合金的各种成分具有显著不同的溅射系数，情况也是这样。原因在于经过一段时间，待溅射速率最高的成分优先溅射以后，靶材表面将富于其他成分，直至达到稳定的表面成分。在达到这种状态以后，溅射薄膜的成分将与阴极相同。但在蒸发的情况下，由于蒸发源的高温可使物质分子从体内迅速扩散到表面而看不到这种结果。当然，若采用极高的阴极温度，形成迅速的体扩散，则溅射薄膜的成分将不再与阴极相同。

用溅射法制造合金薄膜的另一种方法是在放电中利用多个等电位的阴极以单独的物质直接合成。阴极的有关区域可以恰当的安排，从而得到几乎任意的成分。把一种少量的金属掺入另一种金属简单的技术方法是使前者制成的金属丝穿过后者制成的阴极，如要掺入较大的分量，则第二种金属可制成条带或圆片状，附在或镀在阴极上。在采用这种合金沉积法时合金薄膜的成分可以根据各个阴极的面积比及其溅射系数估计出来（只要知道这些系数在所用气体和溅射气压下的具体数值），两种薄膜成分之比为

$$\frac{N_1}{N_2}=\frac{A_1 r_1}{A_2 r_2} \tag{2-14}$$

式中，N 代表原子数；A 为阴极面积；r 为溅射系数，下标表示有两种合金成

分。还有一种方法是阴极利用独立的电源，在沉积过程中通过改变加到每一个阴极上的电压可以得到各种不同的合金成分。

2. 高频溅射设备组成

1）高频振荡器

一般的高频振荡器都可用于溅射，但振荡器必须包括一个阻抗匹配网络，以使溅射系统能够调谐到共振而在放电时得到最大的功率转移。采用双调谐变压器耦合输出是合适的，因为它可以略微超过临界耦合。

如果放电机理是唯一的考虑因素，则希望有尽可能高的频率。对于电介质靶子，也要求高的频率使靶子的串联容抗减至最低。但是，要将高频率溅射系统的衰减效应降至最低，又要求低的工作频率。另外，如果频率很高，极难做到合适的接地回路，一个良好的折中频率范围是 10～20 兆。要想获得最佳性能，最好采用可调频率振荡器，这样任何一种系统都能得到最合适的频率。振荡器所需的输出功率取决于靶子的大小和系统中功率的损耗。

2）高频电极、靶子和衬底支座

高频电极用无氧铜制作，中间通水冷却，外面用聚四氟乙烯套绝缘，以高纯铝材料做屏蔽罩，屏蔽距离用螺纹调节。

靶子的阻抗应尽可能低，表面应平整，且具有较大的面积-厚度比。为了避免尖、棱、角处过高的电场强度，应尽可能把靶子各棱角做成圆角，同时还要使靶子与高频电极间的接触电阻减到最小。如果靶子是绝缘材料，则其背面应金属化。最好把靶子焊接在高频电极上，亦可用导电胶与电极表面黏结，但胶层应薄而均匀。衬底支座（工作台）用不锈钢制成，中间可通水冷却。衬底支座可转动而改变靶子与衬底的相对位置。

3）真空系统

无论用什么气体，真空系统都应有较高的抽气速率和较高的真空度，如果在油系统（扩散泵和机械泵）采用氧气放电，那么这两种泵必须适合抽氧气。硅油适用于扩散泵，机械泵需要抗氧化的油类和特种封蜡。如果不注意这些要点，就可能引起泵的爆炸。高真空测量用电力硅管，低真空测量用热偶硅管。

4）充气系统

射频溅射设备的重启系统主要由灌气阀、微调充气阀、磁力充气阀、三个气罐、气体纯化装置以及真空压力表等组成。外界气体由气瓶经减压阀后分别由两个灌气阀进入“Ⅰ”气罐和“Ⅱ”气罐，其气压由真空压力表指示（充气前其气罐内腔应抽成高真空）。这两个气罐内部都有过滤装置，将过滤的气体再由另外的灌气阀充入“Ⅰ＋Ⅱ”气罐。在该气罐内可使溅射气体（氩气）和其他反应气体按比例混合，气体经气体纯化装置后由微调充气阀和磁力充气阀充入溅射室。

2.3.5　脉冲溅射

为了增加溅射金属粒子的离子化率，最近几十年发展了多项离子化的物理气相沉积技术，其中重要的就是高功率脉冲磁控溅射（the High-Power Pulse Magnetron Sputtering，HPPMS）。高功率脉冲磁控溅射技术是利用较高的脉冲峰值功率和较低的脉冲占空比产生高溅射金属离子化率的一种磁控溅射技术。由于脉冲作用时间短，其平均功率不高，这样阴极不会因过热而增加靶冷却的要求。它的峰值功率是普通磁控溅射的 100 倍，为 1000～3000W/cm^2，等离子体密度可以高达 $10^{18}m^{-3}$ 数量级，溅射材料离子化率极高，溅射 Cu 靶可达 70%，且这个高离子化的束流不含大颗粒，生成的薄膜致密，性能优异。

1. HPPMS 的发展

1999 年，瑞典的 V. Kouznetsov 等首次采用高功率脉冲作为磁控溅射的供电模式，提出了 HPPMS 的方法，并沉积了 Cu 薄膜。相对普通的直流磁控溅射，HPPMS 能够获得高的 Cu 离子化率，膜层的高致密度，高的靶材利用率，均匀的厚度。随后很多学者开始关注 HPPMS，并在实验的基础上逐渐改进和完善其溅射系统，其中主要包括调整、设计电源，改进磁控放电的稳定性和改变脉冲结构增加沉积速率等几个方面。V. Sittinger 等对电源补充设计了一个控制封闭环路保证系统中的氧气分压，通过控制镀膜过程中气压恒定保证放电的稳定性。为了进一步提高脉冲磁控溅射的溅射速率和沉积速率，J. H. In 等采用复合脉冲，开始是 1.7kV，脉宽 5μs 的高压脉冲，紧接一个约 500 V，脉宽 100μs 的低压脉冲，然后关闭脉冲，脉冲频率 100 Hz，得到较高的沉积速率。

除了对电源和脉冲形式进行改动，不少学者还增加一些辅助设备进一步提高了金属材料的离子化率、改善薄膜质量或提高薄膜沉积速率。Jin-Hyo Boo 等研究了离子化栅格在 HPPMS 沉积 Cu 薄膜的过程中的作用，发现离子化栅格大大提高了 Cu 的离子化率。J. Bohlmark 等在 Al 靶前外加一涡流磁场，并研究了该磁场对 HPPMS 放电过程的影响，得出放置磁场前后正对靶的试样沉积速率提高了 80%，由于磁场的限制作用，侧对靶的试样沉积速率降低。S. Konstantinidis 等为了进一步提高金属材料的离子化率，在 HPPMS 设备上安装了感应耦合等离子体（ICP）辅助设备，发现在 ICP 辅助下，离子以两个连续波形式到达基体，金属离子只出现在第二个波，并随 ICP 的供电功率正比加速。

2. HPPMS 放电特征研究

1）放电电离机制研究

Andr é Anders 等采用不同的靶材（Cu、Ti、Nb、C、W、AI 和 Cr 等）和

复合脉冲研究了高功率磁控溅射的电压-电流-时间关系，发现 HPPMS 放电由两个阶段组成。第一阶段与工作气压有关，紧接的第二阶段则取决于靶材和功率。这说明放电的前一阶段是气体离子决定的，而后一阶段与发生了自溅射关系密切。对一些材料，放电可以转换到自溅射模式，不同材料之间溅射的较大差异暗示了二次电子的产生和诱捕对电压-电流-时间特征的较大作用。

HPPMS 放电可以产生较高的金属离子化率，对此，J. T. Gudmundsson 利用时间相关球模型（time dependent glob mode）研究了 HPPMS 中的电离机制。结果显示，在脉冲开时，大量的电子被磁场束缚在靶附近区域，并具有较大能量，与溅射出来的金属原子发生碰撞，此时电离主要由这种碰撞产生，这就是电子冲击电离机制。随着脉冲结束，电子逐渐湮灭或复合，电子冲击电离逐渐减弱，此时金属原子的电离主要由带电荷的粒子与金属原子碰撞产生电荷转移，这就是所谓的电荷交换机制。

2）放电等离子体中的离子成分

前面已经提到 HPPMS 放电有两个阶段：前一阶段为普通的脉冲放电模式，后一阶段是自溅射放电模式。A. P. Ehiasarian 等得出同样的结果，使用 Cr 靶，在较低的功率密度时，溅射模式为普通的脉冲放电模式，这时金属粒子的离子化率比较低，等离子体主要由电子、Cr^{0}、Cr^{1+}、Ar^{0}、Ar^{1+} 组成。随着功率密度的增加，金属粒子的离子化率迅速提高，金属离子的数量大量增加，离子的电荷量也增加，此时 Ar 原子的数量减少，等离子体中主要含有 Ar^{0}、Cr^{0}、Cr^{1+}、Cr^{2+}、Ar^{1+}、Ar^{2+} 和电子。

在反应性的 HPPMS 中，A. P. Ehiasarian 等在研究纯 Ar 和 Ar-N 混合气氛中的 HPPMS 放电时发现，在 Ar 气氛下，产生的金属离子 Ti^{1+} 浓度为 46%，高于 DCMS 时的比例 10%。在 Ar 和 10%N 的混合气氛下，一些成膜离子如 Ti^{1+}、Ti^{2+}、N^{1+} 含量明显增加，原子形成离子 N^{1+} 的含量最大约占 40%，Ti^{1+} 占 19%，Ar^{1+} 占 19%，金属离子的含量大约是直流的 5 倍，反应性的 N 离子含量也是直流的 4 倍多。

3）放电周期内的粒子的传输

在放电周期内，高功率脉冲首先在阴极靶材附近产生等离子体，然后等离子体鞘层随时间扩展，同时等离子体中的电子、离子和中性粒子向基体附近传输，并实现沉积。D. Lundin 等测得 HPPMS 的霍耳电流密度与放电电流密度的比为 2，而经典理论中比值为 16～35。研究发现，在普通的直流磁控溅射时，霍耳电流密度只有霍耳漂移产生，而在高压磁控溅射中，霍耳电流密度有三个机制组成，包括弯曲的真空磁场漂移、气压梯度漂移和霍耳漂移。HPPMS 中的反常电子传输，也就是存在兆赫范围的电场震荡，来自方位角方向电场的浮动，电子沿等磁力线运动的结果决定了电场浮动的方向，这种漂移的一个驱动机制是电荷扰动。

L. de Poucques 等研究了 HPPMS 中中性粒子的传输过程，发现在较高气压 4Pa 时，中性离子的传输满足经典的一维扩散理论，在较低的气压下，溅射粒子的传输比高气压时要快，此时溅射粒子没有足够的碰撞热离化。Stanislav Kadlec 等采用 Direct Simulation Monte Carlo 方法模拟了 HPPMS 中金属 Ti 和 Ar 中性粒子的运动，脉冲参数为 200μs、1 kA、1kV。结果显示：当电流达到 kA 范围后，放电在主等离子区产生强烈的加热效应，气体（包括所有中性粒子和荷电粒子）以冲击波的形式快速向基体方向运动使得基体附近的密度和气压在一定的延迟之后迅速增加。中性粒子和离子的角度分布决定于 HPPMS 放电，尤其是是否达到自溅射状态。

L. de Poucques 等还发现 HPPMS 中离子的传输在较高气压 4Pa 时，满足一维的双极扩散理论，加上额外的 RF 激发装置，即使在较小的 RF 功率下溅射离子的传输也比较快，这是由于 RF 增加了双极扩散系数。K. B. Gylfason 等将 HPPMS 中电流的峰值的移动抽象为离子声学孤波，并研究了孤波的产生和扩展，说明了离子的传输。结果显示孤波从磁控靶向外传播，波速随气压的增加而减小，几乎与脉冲能量无关，但波振幅随脉冲能量的增加而增加。

4）放电中的粒子能量分布

HPPMS 中脉冲功率大，产生的粒子也具有较高的能量，这也使得薄膜沉积过程中受到强烈的离子轰击，对提高薄膜质量和增加薄膜结合力和其他性能有重要意义。J. T. Gudmundsson 等的研究发现靶下约 20cm 处的电子浓度在脉冲开始 127μs 后达到峰值 $8\times10^{17}cm^{-3}$。在脉冲结束时，出现在两个电子能量团，其平均能量值有各自的峰值，高能电子团不久消失，电子浓度达到峰值，电子能量分布呈现近似麦克斯韦分布，电子浓度达到峰值以后，等离子体呈现近似 Druyvesteyn 分布，并具有较高的平均电子能量。M. Cada 等对 HPPMS 沉积 Ti-C：H 薄膜时的等离子体进行研究，发现麦克斯韦分布，平均能量为 10eV，而冷电子即低能电子的平均能量为 1eV。A. Hecimovic 等通过能域质谱分析研究了 HPPMS 中离子能量分布函数（IEDF）。结果显示，靶和气体离子的能量分布最终都满足两个麦克斯韦分布的和。低气压下靶 IEDF 的定量分析显示主峰平均能量较低，大约 1eV，主要是由于靶离子和热离子化的气体离子和原子的碰撞消耗了能量，同时存在少量高能量离子，最高能量可达 70eV，这种分布被认为起源于一个 Thompson 分布的溅射金属原子。由于碰撞，这些溅射金属原子热离子化后呈现一个麦克斯韦分布。对金属离子，高能量部分的离子比例随 d 的增加单调增加，主低能峰中的有效离子温度与峰值电流关系不大，但是高能部分的有效离子温度却与峰值电流关系较大。高气压下的 IEDF 显示，高能离子的比例相当少，主要是低能离子主峰，高气压下气体 IEDF 完全热离子化，金属离子和气

体离子的比随 d 和靶材料的溅射产量而增加。

3. HPPMS 放电对薄膜性能的影响及工艺探索

1）HPPMS 放电对薄膜性能的影响

HPPMS 放电可以产生较高的溅射粒子的离子化率，离子化的离子具有较高的能量，使得薄膜沉积时获得高能离子的轰击，从而对沉积薄膜的质量及各种性能有重要影响。A. P. Ehiasarian 等采用 HPPMS 方法沉积了多晶柱状 CrN_x 薄膜，获得很高的膜基结合力，临界载荷达到 85N，同时，还测得薄膜具有较好的耐磨性和杰出的耐腐蚀性。K. Bobzin 等在 WC 和 WC/Co 上制备了（Cr，Al）N 和 Nc-（Cr，Al）N/a-Si_3N_4 薄膜，最大硬度达到 40GPa，并表现出较好的高温抗氧化性。K. Sarakinos 等采用 $TiO_{1.8}$ 陶瓷靶制备了 TiO_x（$x \geqslant 1.8$）薄膜，获得较低的表面粗糙度（0.5nm），较高的密度（3.83g · cm^{-3}）和折射率（2.48）。

2）HPPMS 沉积薄膜工艺

由于 HPPMS 中较高的离子化率，所以 HPPMS 可以用来对基体进行预处理。A. P. Ehiasarian 等使用 HPPMS 对基体表面进行预处理，之后再离子溅射沉积 CrN 基薄膜，获得致密的柱状晶薄膜，在预处理层和表面薄膜层之间形成局部的外延生长，极大地提高了膜基结合力。

脉冲结构和大小是影响 HPPMS 放电的重要参数，因此对薄膜的沉积和性能也起到非常重要的作用。J. Alami 等研究了 HPPMS 中脉冲电流密度 I_{Tpd} 对沉积速率的影响，结果显示，I_{Tpd} 小于 360mA · cm^{-2} 时，等离子体像直流；大于 360mA · cm^{-2} 时，由于放电加热，靶附近气压下降，离子浓度也降低，同时放电阻抗增加；I_{Tpd} 为 570 mA · cm^{-2} 时，两者的沉积速率相等，大于 570 mA·cm^{-2} 时，Cr^+/Cr^0 值显著增加，由于自溅射，沉积速率下降；最后 I_{Tpd} 大于 1900 mA·cm^{-2} 时，磁场限制消失。

系统气压对 HPPMS 作用明显，尤其是对于反应性 HPPMS，反应性气体的多少直接影响靶表面化合物对靶的覆盖，影响溅射的效率。J. H. Boo 等采用 HPPMS 在 Ar 气氛下沉积 Cu 薄膜时，发现随气压的升高，放电变容易，工作气压 0.13Pa 时沉积的薄膜有很好的 Cu（111）取向，且很低的电阻。V. Stranak 等研究了 O_2 分压对沉积 TiO_x 薄膜的影响，结果显示，O_2 分压低时，仅 α-Ti 结构占优势，随分压增加，O 逐渐参与反应，当 O_2/Ar 达到 0.0375 时，立方结构的 TiO 形成，再增加氧分压，TiO_2 形成。在完全毒化靶时，低压下产生金红石结构，高压下产生锐钛矿结构。

除了脉冲结构、气压，还有很多参数影响薄膜的沉积和性能，如基体偏压、试样位置等。J. Alami 等采用 HPPMS 沉积了 Ta 薄膜，研究了基体负偏压和基体位置对薄膜结构的影响，得到能形成 bcc-Ta 薄膜的偏压在 10～70V，样品倾角 0° 时，即面对靶时，要 70V 偏压形成 bcc-Ta 薄膜，而倾角增加，沉积薄膜中离子比例增加，所需要的偏压降低。

2.4　阴极电弧技术

阴极电弧等离子体沉积（Cathodic Arc Plasma Deposition，CAPD）是一种基于等离子体技术的薄膜制备技术。在真空条件下，利用该技术不但可以制备金属、化合物、陶瓷薄膜，而且可以制备半导体和超导体等薄膜。1892 年，Thomas Edison 首次提出利用真空弧技术制备薄膜的概念。在过去几十年里，该技术从理论到应用方面受到了广泛的关注，并且取得了很大的进展。

真空阴极弧放电技术是在真空中发生在两电极之间的高电流、低电压放电过程。高电流密度弧斑在阴极表面产生，蒸发阴极材料，产生电子、离子、中性气相原子和微颗粒。在外加磁场和电场的作用下，使离子定向运动，最终沉积薄膜。

2.4.1　真空阴极弧的发展历程

在 19 世纪下半叶，人们开始研究真空大电流电弧放电现象。在 19 世纪 70 年代，Write 观察到经过一段时间的放电，阴极附近的管壁上会沉积一层薄膜，他对该薄膜的光学性能进行了研究。真空阴极弧技术的应用始于 1892 年，Thomas Edison 申请了一项利用阴极真空弧沉积技术沉积薄膜的专利，成为第一个在这一领域中使用阴极真空弧沉积薄膜的人。到 20 世纪 60 年代后期，在沉积薄膜材料上的应用逐渐发展起来，并于 70 年代得到迅速发展，第一个工业化应用的阴极弧沉积设备是由苏联人研制的，主要用来沉积装饰及耐磨刀具用的 TiN 镀层。

20 世纪 80 年代初，美国纽约一家金属材料处理公司推广了这一技术，推出一系列电弧离子镀设备，使得阴极弧等离子体沉积技术在世界范围内得到广泛应用。同时，阴极弧产生的颗粒，严重限制了它在薄膜制备上的应用。在 1978 年，Aksenov 与合作伙伴研制了一种能把大部分颗粒过滤掉的弯管磁过滤器，后来，人们发展了各种各样的过滤技术，尤其在 90 年代开展了颗粒过滤技术研究的热潮，并推出很多比较成熟的产品，目前还在快速发展之中。

阴极弧等离子体沉积技术是近 30 年来发展最为迅速的真空沉积技术之一，目前已大规模地应用于工业和科学研究领域。阴极真空弧沉积技术是近年来发展较快的一种离子镀技术，是一种以被镀材料作为阴极靶，在一定的真空度下产生弧光放电，使阴极靶表面产生等离子体，利用等离子体进行沉积镀膜的技术。其主要优点是等离子体离子化率高（70%～80%），离子能量高（40～100eV）并且可控制，沉积效率好，能制备出多种成分（金属、陶瓷及一些半导体或超导材料）、高密度、高黏附性薄膜。故100多年来，阴极真空弧技术一直作为材料领域的热门研究课题，吸引了世界各地大量优秀的科学家对其进行深入的研究。Cobine、Lafferty和Boxman等著名科学家都对该技术的发展作过杰出的贡献。阴极真空弧科研领域的国际会议每两年召开一次，大量相关论文在各大期刊上发表。近年来，Miller研究组编制了一套较全面的阴极真空弧技术综述，详细地阐述了阴极真空弧技术从产生到1986年的研究发展情况。近30年来，阴极真空弧技术受到了来自世界各地越来越多的关注。

1. 阴极弧斑特性

弧斑的特性是研究阴极弧放电的一个重要内容。迄今为止，尽管大量工作投入到该方面的研究，但是从实验现象到理论解释方面依然存在着较大的争议。本文中只简单介绍一些相对比较认可的内容。首先，在真空中，阴极弧斑是如何产生的？在高真空中，两电极在长间距低电压情况下是几乎不可能产生弧斑的。在触发以前，两极之间没有足够传递电荷的介质，单纯的电子发射是不足以产生电弧的。借助于各种不同的触发手段，在阴极表面产生瞬间的剧烈放电，放电产生的带电离子在两极之间定向运动，尤其是阳离子，轰击阴极表面，进而维持放电过程的连续性。这个现象发生在阴极表面很小面积的范围内，而且表现出不同的放电形式，通常表现为无数个小而亮的弧斑在阴极表面无规则运动。当施加一外部磁场时，弧斑的运动被或多或少地规则化，而且弧斑的运动方向是与磁场方向相反的。由于真空弧具有正伏安特性，多个阴极斑点可以同时共存，使多个阴极斑点上的真空弧并联燃烧。每个斑点上的电流几乎相同。

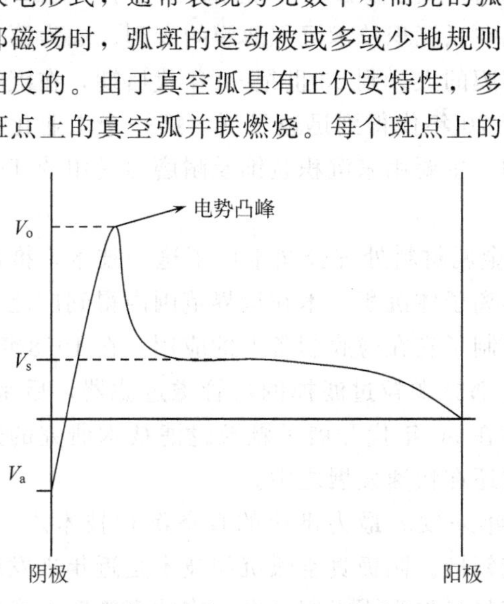

图2-36 真空弧放电电极间电位分布曲线

根据位凸理论(Potential Hump)，在真空弧放电中，阴极和阳极之间的电位分布如图2-36所示。其中，V_a是弧压，V_s是等离子体电位（以阳极电位为参考电位），V_o是距阴极斑点10^{-2}～$10^{-3}\mu m$处电位凸起的最大值。

其次，所产生弧斑的存在模式又有哪几种？一般认为，在中等放电电流条件下（小于10kA），存在两种形式的弧斑。第一类是与电极表面的氧化物和污染物有关的放电形式；第二类是干净的阴极表面吸附几个单层的气体分子产生弧斑的放电形式。这种分类方法是基于观察弧电压、表面弧坑形貌以及弧斑的运动特点等分类的。一般而言，第一类放电模式弧斑具有运动速度快、弧斑亮度低、放电电压低、运动速度快以及阴极表面弧坑深度浅且坑与坑之间距离远等特点。第二种放电模式恰恰与第一种相反。一般在高真空下，纯金属的放电模式随着放电时间的增加由第一种向第二种过渡。

另外，弧斑的大小、电流密度以及时间常数等参数的量级也是非常重要的。许多研究表明，弧斑的大小从几百纳米到几十甚至是上百微米，随着放电电流的增加，弧斑的尺寸增大。弧斑的电流密度位于 $10^6 \sim 10^{12}\,\mathrm{Acm^{-2}}$。时间常数从几纳秒到几百毫秒不等，该参数强烈依赖于放电材料、表面特征以及表面温度。弧斑产生的离子流与电弧流之比基本上是一个常数（8%～11%），该参数对气压比较敏感。

2. 阴极电弧等离子源的一些物理特性

从阴极斑发出的离子流的空间分布函数为

$$f_i(\omega) = F_m \times \exp(-\omega^2/k^2) \tag{2-15}$$

式中，ω 为空间立体角；F 为最大值；k 为形状因子。

Plyutto 等研究发现，高能离子的平均离子势（$V_i = E_i/Z$）大于电弧电压 U_a，并且存在多价离子。一些材料的阴极电弧特性在相关的文献中可以查到，在此就不再叙述。

3. 阴极弧放电产生等离子特性

阴极真空弧放电是在真空系统中，阴阳极之间产生的剧烈电弧放电，特征是在阴极弧放电端面形成了一个或几个阴极斑，阴极斑处阴极材料强烈的蒸发、电离，从而形成了高度电离的高密度等离子体。阴极真空弧放电是靠阴极斑维持的，通过阴极斑处的阴极材料的强烈的蒸发、电离，产生了离子和电子，同时也产生了中性粒子和液滴。

通过对阴极真空弧放电特性及其产物的分析，发现要减少阴极真空弧放电等离子体中的液滴，可以有两个途径：一是在阴极真空弧放电时限制液滴产生，方法是外加轴对称磁场，使阴极斑在阴极弧放电端面快速运动，分裂成一组细碎的圆弧弧斑，从而限制了阴极斑对阴极表面某些点的过分烧蚀，另外考虑液滴大多产生于与阴极弧放电端面成 10°～20° 角的范围，所以要使等离子体出口开在液滴分布少的方位，即开在与阴极弧放电端面垂直的方向上，这个方向也是等离子体密度最大的方向；二是通过外加磁过滤器比较彻底地过滤掉从弧源中出来的液滴。现在通常的做法是综合了以上两种方法的优点，首先在阴极真空弧放电时限制液滴的产生和引出，然后在弧源与真空靶室之间串入磁过滤器。

磁过滤器的工作原理是：磁过滤器产生的轴向磁场使带电粒子在磁场中作拉莫运动，一方面绕磁力线作圆周运动，另一方面又以磁力线为轴作漂移运动。电子由于质量很小，旋转半径很小，旋转频率很高，所以几乎紧贴磁力线运动，磁力线似乎是电子运动的“航标”，而离子由于质量大，旋转半径很大，频率很低。由于等离子体是电中性或准中性的，在空间电荷力的作用下，离子的拉莫运动就无法完全展示，而是被电子牵扯着也沿着磁力线运动，所以在弯转的轴向磁场中运动的等离子体，沿着轴向弯转的磁力线走了一条弯曲的路线，液滴却走的是直线路径，从而液滴在磁过滤器之中被分离，并最终打在磁导管管壁上，磁过滤器起了过滤与传输的双重作用。

如果只有聚焦磁场，测得不同聚焦磁场下 i_t 与 B_f 的关系，结果如图 2-37 (a)所示。从实验曲线看，弧源产生的等离子体对轴向磁场很敏感，i_t 在聚焦磁场小于 20mT 时，随聚焦磁感应强度的增大而增大；当 $B_f = 20\text{mT}$ 时，i_t 已经接近最大值，可达到 2.4A，是不加磁场时引出束强度的 4 倍左右。可见弧室外加上聚焦磁场之后，打在靶上的离子流大幅度提高了，这是轴向磁场对等离子体磁压缩的结果。所以在阴极电弧放电区加上轴向磁场不仅可以限制液滴的产生，而且可以大幅度提高等离子体在中轴线附近的密度。

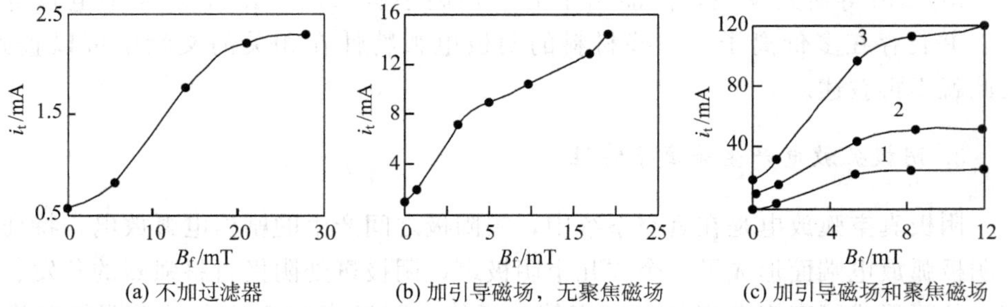

图 2-37　电流和磁场强度关系曲线

若只加引导磁场而不加聚焦磁场，得到 i_t 与 B_f 之间的关系如图 2-37 (b) 所示。从图上可见加引导磁场之后，打在靶上的离子流大幅度提高了。这是由于不加引导磁场时，等离子体没有受到磁场的偏转作用，所以进入真空靶室的等离子体并不多，而加了引导磁场之后，磁场对等离子体一方面有导向作用，另一方面也有横向磁压缩作用，打在靶上的离子流也就增加了。

同时加上聚焦磁场和引导磁场下测得 i_t 与磁场的关系如图 2-37 (c) 所示。由于聚焦磁场和引导磁场的励磁线圈电流是串联的，所以磁场统一用引导磁场大小作为磁场标识。从图上可看到，随着磁场加大，离子流相应增大，最大可达脉冲值

30mA，比不加聚焦磁场只加引导磁场时提高了1倍。这主要是聚焦磁场的贡献，而当 $B \geqslant 5mT$ 时时，离子流已经达到最大值。束流小主要因为弧源出束较小，磁过滤器引导磁场太小，弧源与磁过滤器相接处磁场很弱，两部分磁力线不连接等。

4. *磁过滤器系统结构*

磁过滤器系统结构很多，其中简单的结构主要包括弧源、磁过滤器和真空靶室及其他附属部分。弧源自成一体，形状呈圆筒状，弧源可以直接接在真空靶室入口处。磁过滤器又可以方便地串在弧源、真空靶室入口之间，三者相互绝缘。整套系统结构如图 2-38 所示。

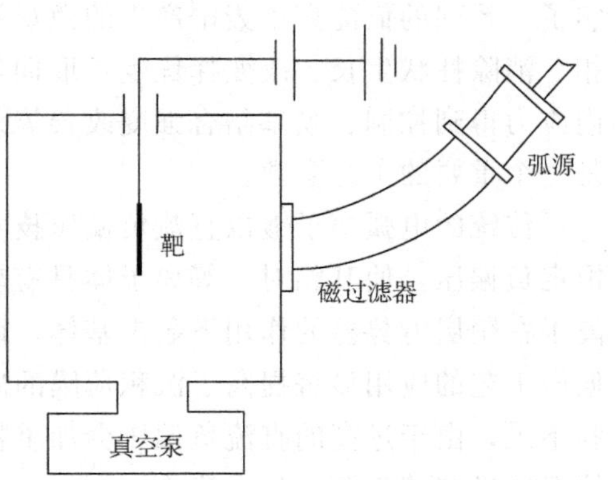

图 2-38　一种简单的磁过滤装置

阴极真空弧放电源用来产生阴极材料元素的等离子体，以下简称弧源。弧源有很多种工作方式，这里介绍的是使用的电触发脉冲工作方式。工作原理采用目前国内外离子注入技术中备受青睐的 MEVVA 离子源起弧原理，弧源没有相应引出极。整个弧源包括了阴极、触发极和阳极，三者是同轴结构。触发电压 U_{tr} 可在 6～10kV 之间平滑可调，主弧放电电压 U_a 在 80～140V 平滑可调。工作中主弧放电持续时间定为 1.2ms，而触发脉冲宽度为 200μs，等离子体出口开在阴极弧放电端面正前方，弧室外绕有励磁线圈，以产生一个轴对称的磁场，该磁场的磁感应强度可在 0～35mT 平滑可调。

磁过滤器系统主体为磁导管，外面绕有励磁线圈，磁导管选材为黄铜磁导管，内径 $d = 50mm$，磁导管中心曲率半径 $\rho = 300mm$，磁导管弯转角 $\theta = 60°$。为了尽量减少等离子体在管壁上的复合损失，磁导管相对于阳极有一个正偏压 U_b，在 0～40V 可调。磁导管中磁感应强度在 0～20mT 平滑可调。

磁场系统包括聚焦磁场和引导磁场，弧室外绕的励磁线圈产生的磁场为聚焦磁场 B_f，磁导管外绕的励磁线圈产生的轴向弯转磁场为引导磁场 B_g。聚焦磁场与引导磁场的励磁线圈均采用细紫铜管绕制，中间通水，励磁线圈都绕了两层。聚焦磁场与引导磁场的励磁线圈是电路串联，水路并联。励磁电流采用工频交流，弧放电源的触发脉冲与励磁工频电流的最大值同步，弧放电频率为 10Hz。

2.4.2　脉冲偏压阴极弧镀膜

大量的研究和分析表明，镀膜过程中荷能粒子（主要是离子）对基体和薄膜的轰击，对于薄膜的质量具有重要作用。对于阴极电弧离子镀，这种低能离子轰击是通过在基体上施加负偏压实现。在无负偏压的情况下，基体表面会由于与等离子体接触而具有负的自偏压，形成等离子体鞘层，其厚度称为等离子体鞘层厚度。当外加偏压电场时，为了维持等离子体的准电中性特性，鞘层厚度会随之增大，而等离子体与基体表面间的电位降（主要为偏压）全部集中于基体表面附近的鞘层，离子在沉积过程中，受鞘层的作用而获得能量并轰击基体表面，形成对基体的全方位离子轰击。这种带有能量的粒子对表面的轰击作用在电弧离子沉积薄膜的过程中，对薄膜的质量、性能以及膜层的结构均有着重要的影响。也就是说，偏压的作用机理通常可用沉积过程中荷能离子的轰击效应解释。许多研究证实了一系列的低能离子轰击产生的微观效应，如增加形核速率、形成难熔的硬质相、消除柱状生长、改变择优生长取向等，这些微观效应导致薄膜结构致密化、内应力得到控制、膜基结合强度改善等。可见，在电弧离子镀膜过程中，负偏压是一个重要的工艺参数。

传统的电弧离子镀以直流负偏压技术为工艺基础，即将基体施以某一数值的恒定负偏压，使其相对于等离子体具有较负的电位，从而生成一定厚度的鞘层，离子在鞘层电势差的作用下轰击基体，而得到结构致密，结合牢固的薄膜，直流偏压工艺的应用显著提高了沉积薄膜的质量。然而，该工艺也存在着一定的缺陷和不足，由于过高的直流负偏压会加重粒子的轰击效应而导致沉积速率下降，基体温度过高等问题，只允许在－400～－100V的偏压强度范围内实施镀膜，这无法满足某些高生成能的特殊化合物薄膜合成的要求，如金刚石薄膜等。恒定的单极性直流偏压不允许在绝缘体上镀膜，也不允许合成绝缘薄膜，如氧化物薄膜等，因为电荷积累容易引发强烈的击穿效应，产生大量的微弧，使工艺难以进行。克服这些缺点，进一步丰富电弧离子镀的应用领域成为了真空镀膜工艺设计的主要方向之一。

为解决上述缺点，1991年两位学者Olbrich和Fessmann首次将脉冲技术引进电弧离子镀中，形成了脉冲偏压电弧离子镀技术。其基本思想是利用脉冲不连续性的偏压模式替代传统的直流偏压，当脉冲负偏压作用时，沉积粒子从电场中获得能量，并轰击生长中的薄膜表面，提高薄膜性能，在随后的冷却过程中脉冲为空，基体有足够的时间进行热传导及热辐射，因此能够有效降低基体的沉积温度。脉冲工艺既利用了荷能粒子的轰击效应改善薄膜的组织结构和性能，同时减少了单位时间内的输入能量，实现了低温沉积。大量的实验研究表明，脉冲偏压离子镀膜技术可以一定程度地减少薄膜表面的大颗粒污染，细化薄膜晶粒，改善薄膜质量，提高薄膜的性能。由于该技术实现了低温沉积，在一定范围内使基体温度独立于偏压强度，可以在不明显改变沉积温度的前提下大幅度提高沉积粒子的能量以制备特殊化合物薄膜，这一功能是伴随降低沉积温度的效应而衍生的，具有一定的推广价值。

2.4.3 阴极电弧制备薄膜的应用

作为一种物理气相沉积技术，利用阴极弧沉积技术制备薄膜得到了广泛的关注。这些薄膜包括金属、氮化物、氧化物、类金刚石，再到超晶格材料、超硬材料等几乎所有材料。其中研究最多的就是 TiN 薄膜，该薄膜最早作为耐磨材料和装饰材料首先被应用于实际。随着研究的深入，其他类型薄膜材料也相继产生并被应用。

CAPD 同样适合装饰镀，不仅因为其装炉量大、沉积速率高，而且其颜色纯正、稳定，通过表 2-4～表 2-6 的说明可以对成膜方式进行比较。

表 2-4 不同的 PVD 技术所产生的 TiN 膜与金色的比较

材料或涂层方式	亮度	红色	黄色
金（10K）	81～86	−1.6～1	19～30
金（24K）	88～91	−3.7～1	27～34
溅射	75～77	3～8	25～35
离子镀	74～80	0.5～10	20～30
阴极电弧	77～80	2～5	33～37

表 2-5 各种超硬涂层的装饰特性比较

涂层	TiN	ZrN	HFN	TiC	CrN	TiCN	TiAlN	ZrCN	TiZrN
颜色	金黄	银黄	黄绿	铁灰	银灰	棕色	黑色	金色	金色
硬度/(kg/mm^2)	2500	3300	3200	2900	2500	2700	2500	3250	2400

表 2-6 涂层的色度特性

涂层	亮度	红色	黄色
金（10K）	81～86	−1.6～1	19～30
金（24K）	88～91	−3.7～1	27～34
TiN	77～80	2～5	33～37
$TiC_{0.05}N_{0.95}$	76～79	5.5～8	30～33
$TiC_{0.10}N_{0.90}$	71～75	8.5～11	23～28
$TiC_{0.15}N_{0.85}$	66～69	11～16	21～22
ZrN	86～89	−3～1	23～25
$ZrC_{0.10}N_{0.90}$	81～84	−1～0.4	26～29
$ZrC_{0.15}N_{0.85}$	79～81	0～3	17～19

另外，下面再简单介绍几种典型的薄膜。

1）金属薄膜

利用该技术可以沉积几乎所有的会属。Krohn 利用该技术在 150℃时在 NaCl 基体上制备出 Au 单晶薄膜，而且沉积过程中发现成核密度比用蒸镀方法高出两个数量级。另外，高质量单晶钨以及超导 Nb 薄膜也有报道。Bendavid 发现，利用该技术在 MgO 基体上制备超导 Nb 薄膜的超导转变温度为 9.44K。Naoe 利用 P 型 Si 靶材成功沉积出 N 型 Si 薄膜。

2）氧化物薄膜

放电过程中通入 O_2，便可在低温下制备出氧化物薄膜。目前研究最多的就是 TiO_2、Al_2O_3 和 ZrO 等氧化物。该类薄膜的组织结构与沉积参数有很大的关系，如基体偏压、温度、掺杂程度等。在低温下沉积的薄膜呈现非晶态，随着温度的升高，逐渐变为晶态。随着偏压的升高，薄膜的择优取向发生变化。这种变化是由于不同晶面的离子溅射率不同引起的。在适当的沉积工艺下制备的这些薄膜具有和体材料几乎相同的密度，相同的光学性质。目前，利用该技术制备被认为是下一代的多功能半导体材料 ZnO 的研究也受到了广泛的关注。

3）氮化物薄膜

由于以 TiN 为代表的过渡族氮化物具有较高的硬度及优异的耐磨性、耐腐蚀性能而得到了广泛的应用。但是，利用该技术制备的单一氮化物薄膜一般具有柱状结构，而且，薄膜的抗高温氧化能力较差。随着工业服役条件的要求进一步提高，对薄膜的性能提出了更高的要求。因此随后出现了 TiAlN、TiAlVN、TiVN、TiCN 等复合薄膜，这些复合薄膜不但具有更高的硬度，而且抗高温氧化能力有了很大的提高，这主要在于服役过程中薄膜表面在高温下形成了氧化物。另外，为了抑制薄膜中的柱状晶生长，出现了不同调制周期的超晶格薄膜，研究结果表明，这种复合薄膜具有超高的硬度和断裂韧性，更好的机械性能，为该技术的研究和应用开辟了新领域。

4）C 薄膜

C（Diamend Like Carbon，DLC，中文名称为类金刚石）薄膜在光学和耐磨领域的研究和应用受到了广泛关注。利用石墨放电产生的等离子体在不同沉积工艺下得到的薄膜具有不同的组织及性能。其中，影响最大的仍然是基体的偏压和沉积温度。许多研究表明，要想使薄膜中 sp^3/sp^2 的值最大，必须使 C 离子的能量为 50～200eV，沉积温度不得高于 300℃。Stanishevsky 认为，在较高的沉积速率下，即使在室温下沉积，薄膜仍主要是以类石墨态存在。

2.4.4 阴极电弧等离子体沉积技术的优点及特性

可以产生涂层的真空电弧放电类型和两种应用广泛的其他 PVD 技术的特点总结见表 2-7。

表 2-7　物理气相沉积技术的比较

过程	放电源	电子发射类型	源整体温度	电流密度/(A/cm^2)	离子化率/%	离子能量/eV
离散阴极电弧	阴极	热离子场致	低	10^4～10^8	60～100	20～100
分布放电阴极电弧	阴极	异常	高	5～100	100	2
阳极电弧	阳极	异常	高	1～10	5～100	0.1～1
高压脉冲电弧	两电极	热离子	低	—	—	—
电弧离子自溅射	阴极	两步过程	低	两步过程	<1	10
磁控溅射	工作气体	离子产生二次电子	低	0.03～0.3	<1	0～10
e 形蒸发枪	—	热离子	高	—	<1	1

阴极电弧过程的突出特点在于它能产生由高度离子化的被蒸发材料组成的等离子体，其中离子具有很高的动能。蒸发、离子化、加速都集中在阴极斑点及其附近很小的区域内，这是其技术特征。它具有如下特点：

(1) 由一个或多个弧斑产生材料的等离子体；

(2) 具有高的蒸发效率，反应气体对蒸发速率影响较小；

(3) 被蒸发材料的离子化率很高，通常达到 60%～100%；

(4) 离子具有很高的动能，典型为 20～100eV；

(5) 离子以高价电离态存在，如对 Ti、Ti^{+1}、Ti^{+2}、Ti^{+3} 等。

阴极电弧等离子体沉积（CAPD）的这些特点与其他 PVD 过程相比，可以产生高质量、高性能的覆层。部分优点如下：

(1) 在很宽的工艺条件下沉积高品质薄膜，例如，在宽范围的反应气压和蒸发速度下，可以得到增强的结合力和密实的具有固定化学成分的反应膜；

(2) 对金属、合金及化合物有高的沉积速率和良好的膜均匀性；

(3) 可在低的基体温度下沉积，防止基体变形或者热损伤；

(4) 保持合金成分不变；

(5) 易于反应生成化合物膜；

(6) 与其他 PVD 技术相比具有特别高的生产率；

(7) 蒸发源可以放置在任何方向，因此易于对复杂表面工件沉积；

(8) 具有不同材料的多重蒸发源可以被分别控制，容易得到复杂的化合物膜；

(9) 物理过程易于控制；

(10) 蒸发源结构简单，低电压下操作，设备维护方便。

理想的沉积过程需要具有能量为5～50eV的高通量原子，以获得在基体表面上足够的迁移率来克服柱状结构和消除孔洞。实验已经表明，在离子与中性粒子通量比$v_i/v_N \geqslant 0.2$条件下，沉积过程中具有能量50eV的离子轰击情况下可以得到高度致密的无孔隙膜。这在CAPD过程中很容易满足，因此这种方法非常适合沉积高致密膜。金属蒸气中的大量离子到达基体时仍是离子化状态。离子的能量一般在20～100eV，由于基体上所加的负偏压，离子能量还会提高。这些特性使得可以在很宽的基体温度T_s，基体偏压$-V_s$，反应气压P_r范围内沉积膜。

由于所包含的高能量粒子，CAPD过程中产生结合力非常好的膜。在膜的沉积之前对加有高的负偏压的基体进行离子轰击清洁了表面。高通量的金属离子溅射可以清除任何残余的薄的氧化层和其他污染，它们破坏了膜的结合。高能量导致在界面处强烈的原子混杂，也生成薄的过渡结合层，它比最终的沉积膜对基体具有更好的配合。离子轰击造成的基体温度升高进一步促进有利的结合。

研究表明，各种不同的涂层方法在膜-基体结合区域微观化学成分的区别。在所有的非电弧方法产生的沉积中，基体与膜之间可以观察到很清晰的结合面。在电弧涂层中，无论是采用自由电弧还是采用控制电弧发现了Ti原子进入钢基体很深，这个区域的微观结构发生了变化。这个区域与一个具有扩散形式的穿越区域相连接。因为避免了很分明的过渡区，结合面的强度大大增加了。正是在电弧放电沉积过程中，高通量的高价、高能量离子的轰击、溅射、混杂、注入等多种过程的发生，产生了与其他方法所不同的界面。

膜的沉积过程中能量粒子的轰击对膜会产生多重影响。如可以预料的那样，接受高通量高能原子、离子的膜易于处于压应力状态。这导致非常少的缺陷和非常高的硬度。为得到特别的膜的特性（如形貌、晶向等），高能的原子、离子轰击是有益的。大量的离子使得可以很好地控制沉积膜的组织结构，并可在非面对源的表面上沉积。等离子体中高分量的离子足以散射覆层到基体的背面，甚至当气体散射不足和没有施加偏压时都可以沉积到，而有气体散射和加有偏压时可以在复杂形状的弯曲表面上获得均匀的沉积。

因为反应元素在电弧过程中被离化，在低温下合成化合物涂层更容易了。已经在180℃下，在金属表面生成结合力好的耐磨涂层。更低的温度也是可能的。

CAPD过程具有的优点之一是被蒸发材料并不是同时全部熔化，而是在阴极斑点中闪蒸发，整个阴极保持冷态，因此在蒸发过程中没成分分离。这样可以不改变化学成分沉积合金和化合物。

电弧蒸发的另一令人感兴趣的特性是，在沉积过程中蒸发源保持固态。这可以在一个镀膜系统中不同的位置安放多个蒸发源。这是优于电子束蒸发源的一个主要方面，后者需要水平放置在真空室的底部。

不同材料的多个源能可以被分别控制，源能朝向任何方向。这些提供了突出的优点，特别是当要在大的、复杂的工具表面获得多成分和均匀厚度的覆层时尤为重要。

2.4.5　阴极电弧等离子体沉积技术

CAPD 技术存在的主要问题是其在沉积的同时伴随产生微米级的微粒。微粒所造成的影响必需根据具体的应用对象分别考虑。例如，当在高倍显微镜下看到阴极电弧沉积涂层中含有微粒时，人们往往会认为这将导致性能的显著降低。可是就是这样含有微粒的 TiN 覆层使得切削刀具和模具获得优良的性能。虽然其他技术也能获得 TiN 涂层，包括 CVD、反应溅射、反应离子镀等，但是采用阴极电弧是最便利的方法。1/4 英寸涂层钻头的寿命试验（钻淬火钢板）结果表明，既使存在微粒，电弧涂层的钻头寿命仍最高，特别是在较高的切削速度下。

因此，对 CAPD 过程中的微粒问题应当根据实际应用考虑。膜中包含着微粒也是一种复合结构，它也可能提供塑性应力释放，阻止裂纹扩展。微粒的尺寸分布从微米量级以下至几微米，大小和数量受阴极材料，系统操作参数和蒸发源的设计的影响，特别是后者可以减低甚至消除液滴。高熔点的材料产生更多的离子和较少的液滴。一旦阴极材料选定后，阴极-基体的几何结构、弧电流、磁场、反应气氛和气压决定了液滴的数量和尺寸。

导致液滴形成和加速的几个主要过程是：

(1) 伴随着爆熔的焦耳加热；

(2) 热弹性应力导致的材料断裂；

(3) 局部的高电场使结合较弱的材料脱落；

(4) 离子和等离子体的压力使材料分裂。

(5) 所有上述过程都可能发生。

解决的办法有两种，分别是：

(1) 降低甚至完全消除从阴极发射的液滴；

(2) 从阴极等离子流中分离产生的液滴。

具体的方法列于表 2-8 中。目前的进展水平是：大规模的生产设备已可做到一般测量不到微粒的存在，专用设备，包括光学镀膜设备，可以完全消除微粒。

伴随着电弧源的改进，可控电弧靶的出现使这项技术得到了重大进展。反应膜沉积的增强使得不仅可以控制其化学成分，而且可以选择晶体结构的择优取向。进一步通过调整离子流密度、离子能量和基体温度，可以改变沉积膜的晶粒尺寸，也可以改变结构，使其从柱状晶至密实的非晶态。

表 2-8 消除液滴方法分类

第一类方法（从设备和结构设计方面）	用普通电弧作为离子源，离子束溅射
	热发射阴极
	阳极蒸发
	降低弧电流
	加强阴极冷却，降低阴极温度
	加快阴极斑点速度
第二类方法（从光学和电子学原理方面）	等离子光学
	等离子束反射

2.5 不同涂层技术之间的比较

现代 PVD 涂层技术很多，但是都有各自的特点。蒸镀技术、磁控溅射技术以及阴极电弧技术等都有各自的不同使用范围。蒸镀技术非常适合于装饰性涂层，涂层之后工件表面光滑、粗糙度低，外表美观，表面质量很高，但是涂层与基体的结合力差。磁控溅射技术虽然是液滴大颗粒沉积，但是也有相当部分的靶材离子化了，所以该种技术在保证外观光滑的同时，涂层与基体的结合力大幅度提高。磁控溅射技术非常适合于塑胶模具的涂层。阴极电弧技术能够保证靶材90%以上的离子化，所以大大提高了涂层与基体的结合力。但是阴极电弧技术由于没有液滴大颗粒沉积，所以涂层后表面光滑度下降，适合于工具涂层。三种技术的晶粒大小差别很大，阴极电弧技术由于离子化率高，所以涂层的晶粒非常细小，磁控溅射的晶粒次之，蒸镀技术的涂层颗粒最大。三种技术制备的涂层的扫描电极照片如图 2-39 所示。

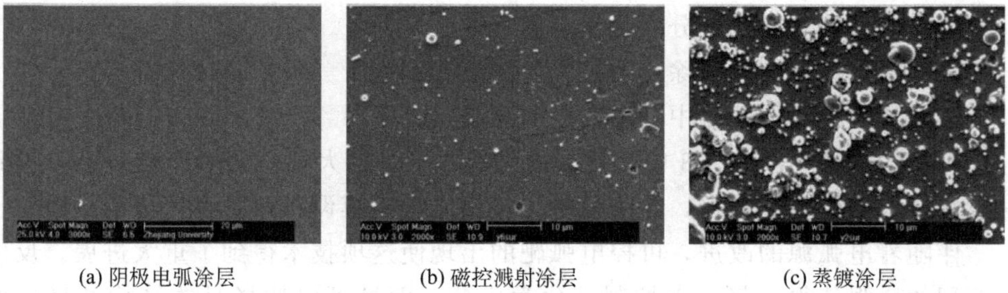

(a) 阴极电弧涂层　(b) 磁控溅射涂层　(c) 蒸镀涂层

图 2-39 不同技术制备的涂层扫描电镜照片

由于任何一种方法都有其适用性，生产实际中应根据自己的需要选择合适的涂层方法，真正做到物尽其用。

第3章 PVD涂层技术工艺

要制备合格的PVD涂层，只依靠涂层设备本身是不可能生产出合格涂层的，更不能生产出立足于市场的高质量涂层。完成一个工件的涂层，除了涂层工艺本身，至少需要清洗、装卡等前处理及固定等工艺，对于复杂的工件涂层，可能需要更多的前处理及后处理工艺，如脱膜（退涂）、去毛刺、喷砂、抛光等。这些前后处理工艺对涂层的最终性能有着至关重要的影响，有时甚至决定着涂层的优劣。由此可见．前后处理工艺是涂层生产中必不可少的一部分。另外，讨论涂层的性能的目的是提高涂层的品质，但是涂层技术和设备本身的改进与提高非一时之功，而如果将涂层的前后处理工艺研究透彻并很好地应用。也将会低成本地、极快地提高涂层的性能。图3-1所示为PVD涂层的详细工艺流程。具体的

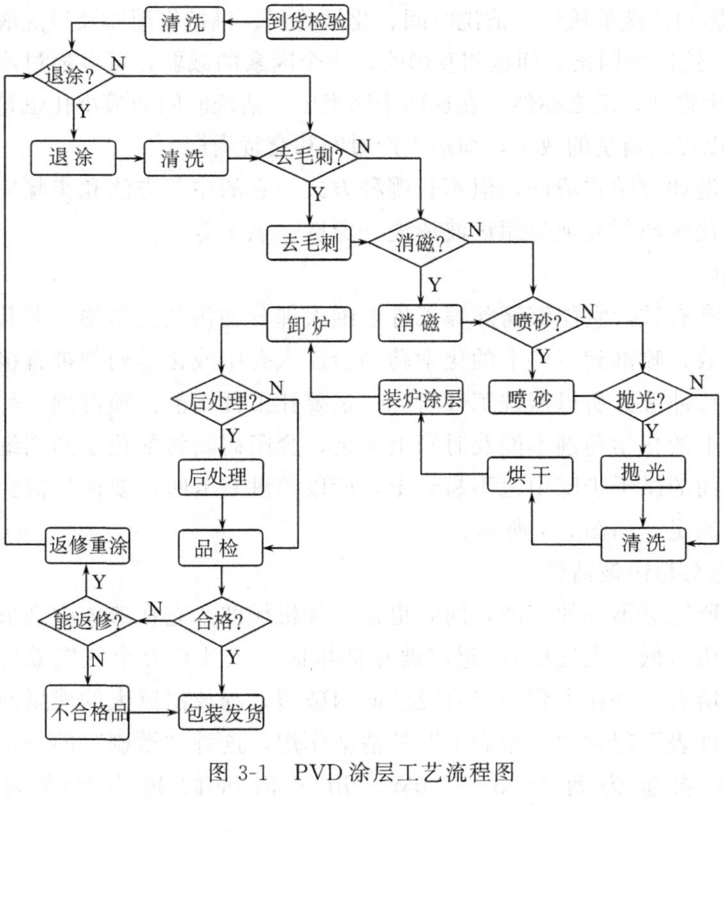

图3-1　PVD涂层工艺流程图

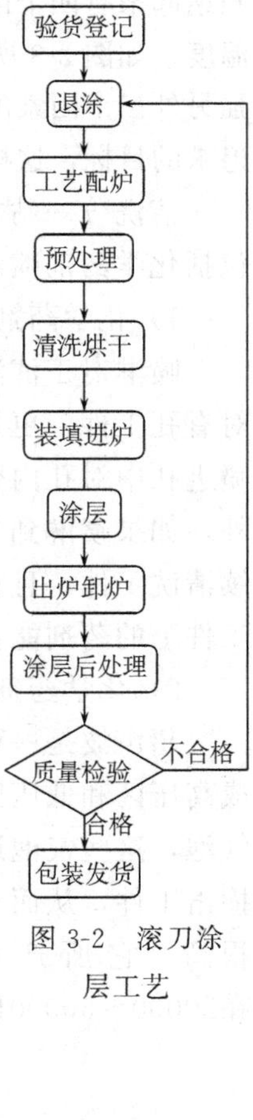

图3-2　滚刀涂层工艺

生产工艺一般都是由产品、零件的类型决定的，厂家也是根据长期的实践经验形成一套完整、固定的处理工艺，图 3-2 所示为某专业 PVD 涂层公司滚刀涂层的工艺。

3.1 PVD 涂层的前处理工艺

3.1.1 清洗

1. 清洗工艺

清洗是通过化学或（及）物理的方法将工件上的油污、锈迹、灰尘等去除干净，确保工件获得较好的涂层结合力和生产的顺利进行。清洗是 PVD 涂层前必不可少的一道工序，也是 PVD 涂层生产中最重要的工艺。清洗出了问题，有可能造成涂层生产不得不延迟，涂层过程可能中断，或者涂层结合力出现问题等麻烦。尤其是在涂层设备的技术能力不高的情况下，清洗出了问题，更容易发生上述风险。归纳起来有四个因素影响清洗的质量：清洗时间、化学药剂、机械作用以及清洗液温度，如图 3-3 所示。这四个因素之间也相互影响，一个因素的减弱，可以通过增强另外三个因索的作用弥补，反之亦然。在这四个因素中，清洗时间的最小化也是追求的目标，这样可以提高清洗的效率，缩短生产时间和交货周期。

清洗分一站式清洗和分站式清洗，但不管哪种方式，它的主要方法和步骤应包括化学药剂喷淋、化学药剂浸泡与超声波清洗、漂洗、烘干等。

1）化学药剂喷淋

喷淋对于清洗非常有效，它能够清除掉工件上绝大部分油污及污染物。尤其对有孔工件，更加有效，喷淋到工件上的化学药剂会流入孔中或化学药剂被直接喷进孔中对孔内壁进行冲洗。所以清洗工件时，一定要让工件都能被喷淋到。另外，如果喷淋到工件上的化学药剂不能及时马上流走，会阻碍新鲜的化学药剂继续清洗工件，且在后面的烘干步骤中也不易烘干，所以喷淋装卡时，要保证流到工件上的药剂能自然流走，如图 3-4 所示。

2）化学药剂浸泡与超声波清洗

超声波是一种人所感觉不到的声波，同时也是一种机械波，它在液体中会形成高压区和低压区（压力低于大气压），超声波在低压区产生儿百万个气穴效应气泡，这些气泡逐渐增大，并在大到一定时突然向内破裂，释放出巨大的能量而撞击工件，从而对工件表面起到“微型刷子”的清洁作用，这种“微刷”的频率很高，它所产生的能量为每升 5～20W。用于清洗的超声波频率在20000～50000Hz。

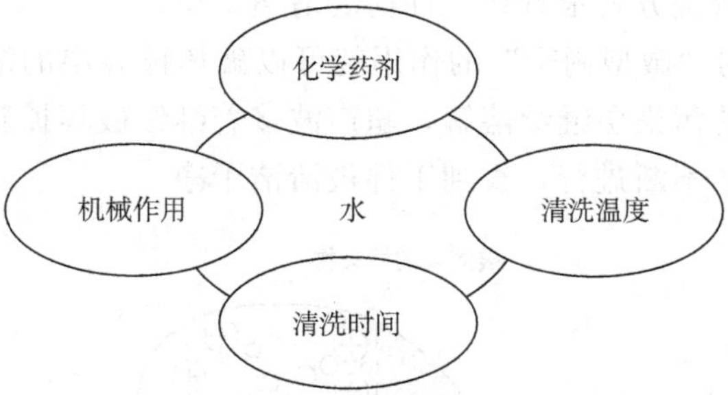

图 3-3　影响清洗的四个因素

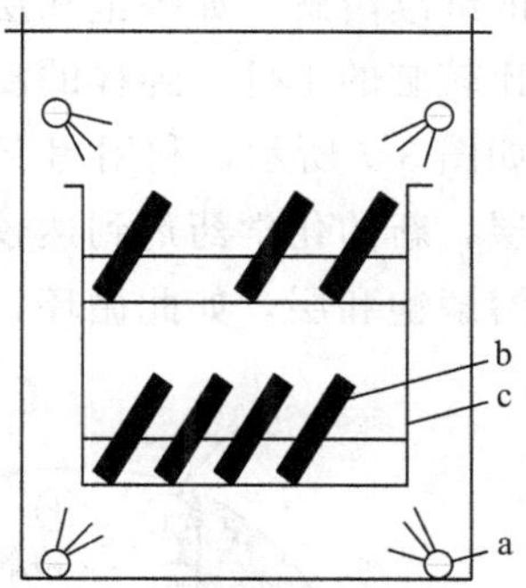

图 3-4　喷淋清洗缸
a—喷嘴；b—工作；c—清洗框

由于超声波在传递过程中会产生低压区和高压区，并且气穴现象只在低压区发生，如图 3-5 所示，所以被清洗工件在超声波中需要上下振动，使工件上的每个区域都经过低压区以获得“微型刷子”的清洁作用。超声波在水中的传递速度为 1500m/s，假设超声渡的频率为 30000Hz，则所使用的超声渡波长为

$$\lambda=\frac{速度}{频率}=\frac{1500}{30000}=0.05\text{m}=5\text{cm} \tag{3-1}$$

所以，如使用 30000Hz 的超声波，工件的上下振动距离应不小于 5cm，对于其他频率的超声波，震动距离可以同理计算。

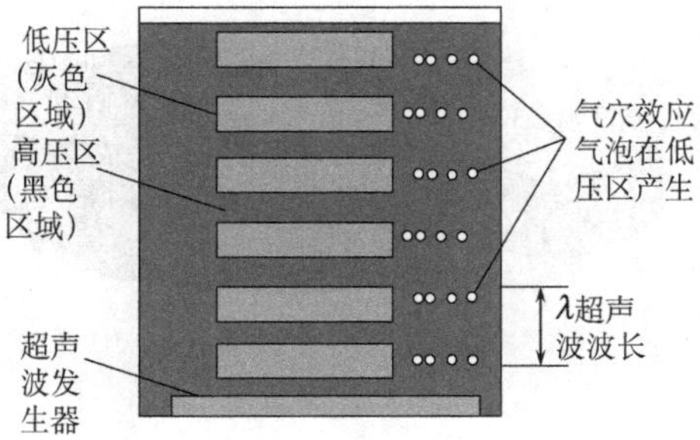

图 3-5　气穴效应示意图

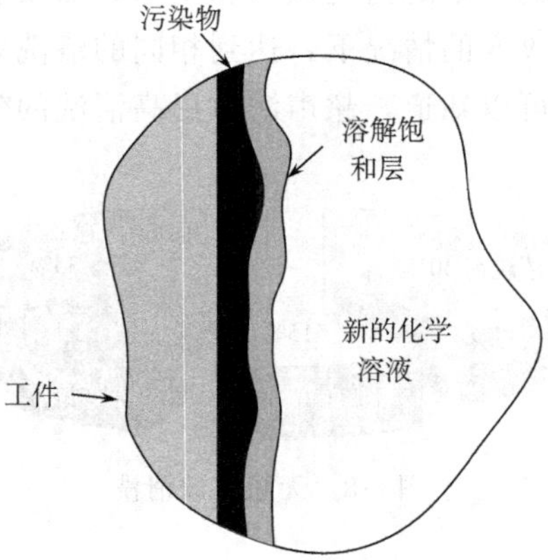

图 3-6　化学药剂浸泡清洗

在纯粹的化学药剂浸泡清洗中，清洗溶液首先溶解工件最表层的污染物，并逐渐向污染层内部渗透溶解，在这个过程中，工件表层会逐渐形成一层溶解饱和层。这层饱和层将新鲜的化学清洗液与深层的污染物隔离，阻碍清洗液对该层污

染物的继续溶解。如果饱和层不能被破坏去掉，清洁就停止了，如图 3-6 所示。对于比较脏的工件，纯粹的浸泡清洗方式很难将工件彻底清洁干净。

如图 3-7 所示，利用超声波的“微型刷子”的作用就可以破坏掉表层的溶解饱和层，新的化学药剂到达较深的污染层继续溶解，超声波接着继续破坏掉新形成的溶解饱和层，如此循环，清洁不断进行，直到工件被清洁干净。

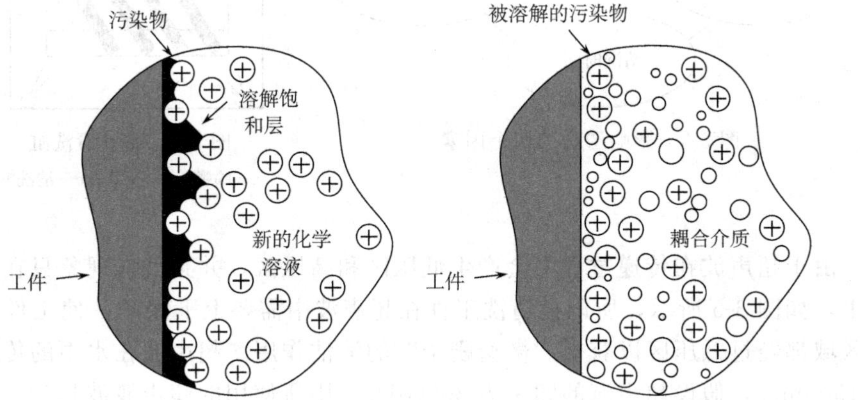

图 3-7　学药剂浸泡与超声波结合清洗

在图 3-8 中，无超声波清洁时，机械作用很小（只有布朗分子运动），只用碱性化学药剂（家庭使用的清洗液如肥皂、洗衣粉等通常都是碱性的）清洗，要达到合格的清洗效果和质量，需要持续 2～16h；当加入超声波作用，其他条件不改变的情况下，达到相同的清洗效果和质量只需要 30min，如图 3-9 所示。由此可以知道，超声波对提高清洗的效率与质量至关重要。

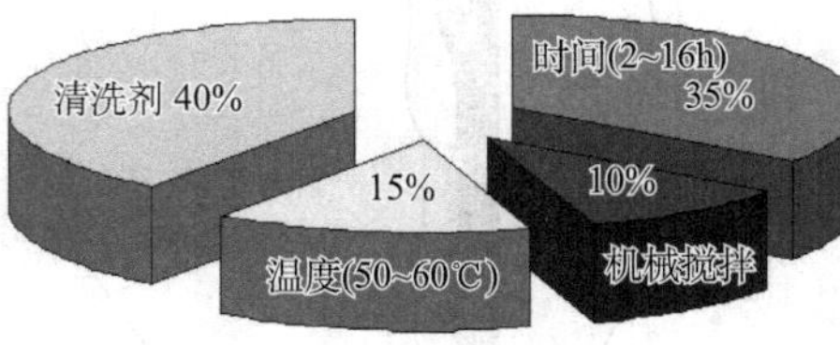

图 3-8　无超声波清洗

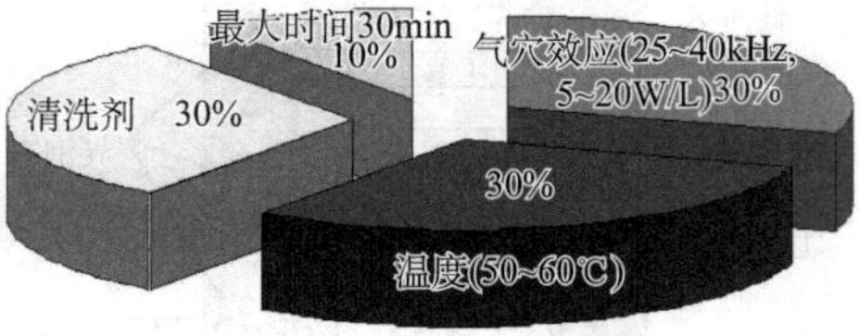

图 3-9　有超声波清洗

3）漂洗

漂洗是为了将残留在工件上的清洗液或其他脏物彻底清理干净，使工件在烘干之前更加干净。工件上的残留物在烘干后将很难清理干净。

在工业领域中，通常使用去离子水而不用自来水进行漂洗，这样可避免自来水中的杂质及污染物残留在工件上。但是，去离子水的侵蚀性强，会对工件造成腐蚀。所以，必须在去离子水中加入一定量的防锈剂，才能用来漂洗工件。防锈剂的加入可以防止工件在漂洗及烘干过程中被锈蚀。

4）烘干

清洗完的工件一般放在烤箱中烘干，或者直接采用热风吹干。烤箱包括箱体、排水管路、加热系统、排风系统及温度控制系统。水的沸腾、汽化温度为 100℃，因此烘烤温度必须大于 100℃，最好为 110～130℃，这样既可以将水分快速蒸发烘干工件，又不至于烘干后，工件温度太高而需要很长时间冷却。

2. 清洗设备

超声波清洗设备分为分体式和一体式（见图 3-10）两种。分体式占地比较大，但是效率和容积都比较大，总体清洗效率比较高。一体式结构比较紧凑，效率和容积率稍微低点，但是清洗和干燥都是在真空环境下进行，所以清洗效果好。目前总体发展趋势是一体式清洗设备。

(a) 分体式（MOD. PLURITANK 110）　　(b) 一体式（MOD. 2CRD 200）

图 3-10　超声波清洗系统

新的“一体式清洗系统”是以一个小体积、强大和可靠的“全包括”的表面清洗系统展示最大程度的清洗效果。它包括在一个单一的由不锈钢 AISI304 制造的腔体（见图 3-11），加上所需的清洗程序得到一个清洁和干燥的产品。该系统包括一个主处理室和三个单独的，连接与此主腔室的缓冲罐组成。主处理室是所有可编程

图 3-11　一体式清洗系统主腔体

阶段执行的清洗过程的地方：喷雾和超声波清洗。用两种不同的化学品，进行软水浸泡与超声波或喷淋漂洗，最后的纯水漂洗与缩合水漂洗、干燥都是在真空下进行，所以清洁效果非常明显。由于容易拟合的设计，它只需几个周期进行设置调整，并由操作员通过控制面板选择，该系统将是极其灵活和通用的，以便彻底清洁所有关键和复杂形状的零件。

表 3-1 和表 3-2 分别为分体式和一体式清洗的流程总结。

表 3-1　分体式超声波清洗流程

流程阶段	第 1 步 喷雾清洁	第 2 步 清洁	第 3 步 冲洗	第 4 步 清洁	第 5 步 冲洗	第 6 步 弱酸冲洗	第 7/8 步 直喷式冲洗	第 9 步 吹干	第 10 步 空气干燥
超声波		是		是			是（7）		
加热	是	是		是	是	是	是（8）		是
过滤	是	是		是					
油水分离	是	是							
喷雾	是								
堰流	是	是	是	是	是	是	是		
立式搅拌		是		是					
抽出	是	是		是					
上下移动							是（8）		
纯水							是		
氮气枪								是	
空气过滤									是
自动关盖	是								是

表 3-2　一体式超声波清洗流程

项目	前期清洗	二期清洗	冲洗	最后清洗	冲洗	纯水冲洗	真空加热
喷雾清洗	是		是		是		
超声波清洗		是	是	是	是	是	
水槽	WT1		WT3	WT2	WT3	纯水槽	
油水分离	是			可选			
过滤	是		是	是	是	纯水槽	
加热	是		是	是	是	纯水槽	是
纯水						纯水槽	
清水	是		是	是	是		
自动添加器	可选			可选		纯水槽	
电导率控制						纯水槽	
真空	是		是	是	是	是	是

3.1.2　去毛刺

大部分高速钢、工具钢类的刀具刃磨后刃部都存在毛刺，如滚刀、插齿刀、拉刀、钻头、铣刀等。如果加工工具和加工参数选择适当，毛刺也会较少。当刀具刃磨后发现有毛刺时，一定要将毛刺清理掉，不能直接涂层，否则涂层时，涂层将直接覆盖在毛刺上，在刀具使用过程中，毛刺连同其上的涂层将很快脱落，继而脱落点周围区域涂层也会在短时间内快速磨损崩裂。工件基体失去了涂层的保护，寿命急剧下降。所以毛刺的清理对增加或改善涂层刀具的寿命极其重要。

毛刺清理有多种工艺，如手动清理、半自动轮刷清理、玻璃珠喷丸机清理等。硬质合金刀具很少有毛刺，即使有也很小而且硬，并且硬质合金性能脆易崩口，用自动或半自动设备精理时很容易将刃部损伤，所以一般采用手动清理方式。将刀具放在 20 倍的放大镜下，用比较软的不锈钢刀片逐个齿地轻轻刮除，这样控制好力度，刀具刃口不会损伤。

半自动清理方式主要适用于滚刀的毛刺清理。方法是将滚刀装卡在低速转盘上（如车床），用不锈钢刷子轻轻地压在刀具上，刀具转动，毛刺被刷子打断掉落。注意，刀具要背向前刀面旋转，这样可避免前刀面被碰伤。

玻璃珠喷丸机是一种毛刺自动清理设备，也是目前使用较普遍的一种毛刺清理设备。只要设定好参数，将刀具装卡好，设备就可以自动清理毛刺了。这种方式工作效率高，质量稳定，其工作示意图如图 3-12 所示。

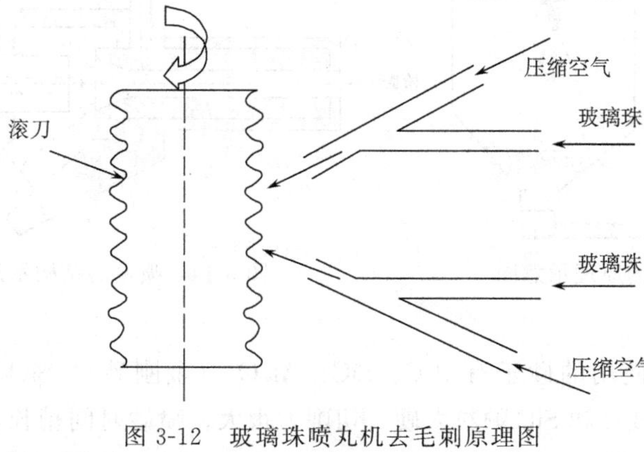

图 3-12　玻璃珠喷丸机去毛刺原理图

刀具被装卡在一个转动立轴上，顺时针转动，刀具一侧有两把喷枪，每把喷枪后面入口处有两个接口，一个是玻璃珠进口，另一个是压缩空气进口，它们在喷枪里会合，压缩空气将玻璃珠吸入枪中并混合在一起，在压缩空气的作用下高速从喷枪的喷嘴中喷出，喷射在刀具的毛刺上，将毛刺打断吹掉。一般去毛刺设备配有两把喷枪，成一定夹角喷向刀具，这样刀具上每个齿的上、下两个侧刀面都可以喷到。

3.1.3　喷砂

1. *喷砂、喷砂设备及喷砂介质*

喷砂按工艺目的可分为表面清洁、刃口细化、改善钴流失表面和涂层后处理；按喷砂的工艺方法分为干喷砂和湿喷砂；按操作方式可分为自动喷砂和手动喷砂。下面主要介绍作为不同目的的干喷砂工艺。

大部分干式喷砂机都配置有自动喷砂功能和手动喷砂功能，自动喷砂用来处理数量大、形状规则的标准工件，如滚刀、钻头、插齿刀等；手动喷砂用来处理特殊工件，如模具等。一般自动喷砂部分配有四把或两把喷枪，手动喷砂部分只有一把喷枪。在压缩空气的作用下，砂子高速从喷枪的喷嘴中喷出，喷射在刀具表面上，锋利的砂子磨削工件表面以达到预期的处理结果。转动气嘴可以调节气嘴与枪嘴间的进砂间隙大小，从而控制喷砂量。图 3-13 和图 3-14 分别为喷砂的原理示意图和喷枪的结构示意图。

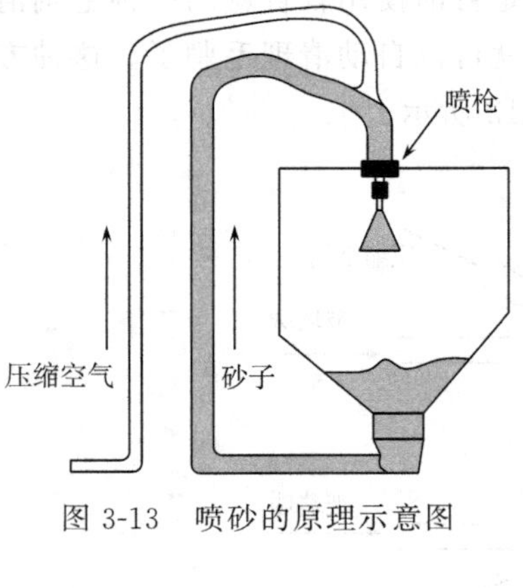

图 3-13　喷砂的原理示意图

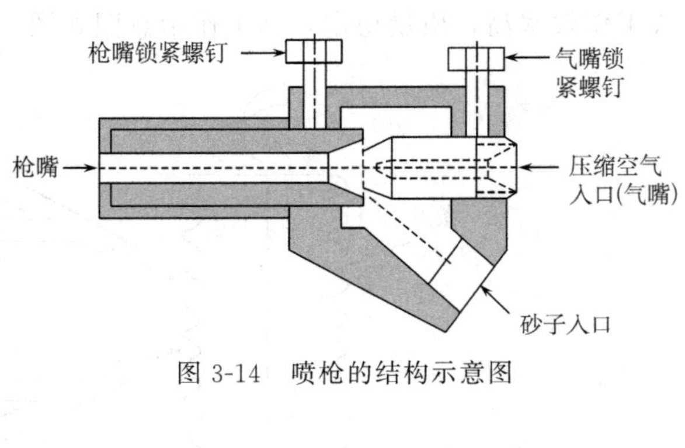

图 3-14　喷枪的结构示意图

干式喷砂机使用的砂子有 B_4C、SiC、Al_2O_3（金刚砂）、SiO_2（玻璃珠）、钢珠、塑胶粒等。B_4C 和 SiC 颗粒太硬，切削力很大，喷砂时间稍长，工件尺寸可能已超差，另外可能在工件表面产生额外的冷压强化应力，涂层更易剥落；玻璃珠虽硬但脆、易碎，磨损快，使用寿命低，钢珠易锈污染工件，塑胶粒易黏在工件表面，这两种情形都不易清洗干净，增加了涂层质量下降和程序中断的风险；另外，塑胶粒切削力太小，对硬质合金几乎没有作用。所以选择 Al_2O_3（金刚砂）作为喷砂介质是最合适的，当然对于特定的工件，可以选择更适合的喷砂材料。

当 Al_2O_3（金刚砂）颗粒大小为 13μm（F500），喷砂压力为 2～5bar（1bar＝1×10^5Pa）时，每分钟可去除硬质合金表面大约 0.007g 的材料。也就是说，如果在 $1dm^2$ 的区域内均匀喷砂 10min，材料表面会被去除大约 0.5μm 厚度。由此可见，用 Al_2O_3（金刚砂）作为喷砂材料，几乎不会改变工件的尺寸，即使多喷了一些时间，也没有太大风险。

喷砂所使用的砂子在使用一段时间后，砂子经常碎裂，出现了锋利的切削刃，很容易伤害工件，所以要定期检查砂子的磨损、碎裂情况，必要时进行更换。图 3-15和图 3-16 分别为新的 Al_2O_3 以及连续使用 10h 后的 Al_2O_3 颗粒形貌。

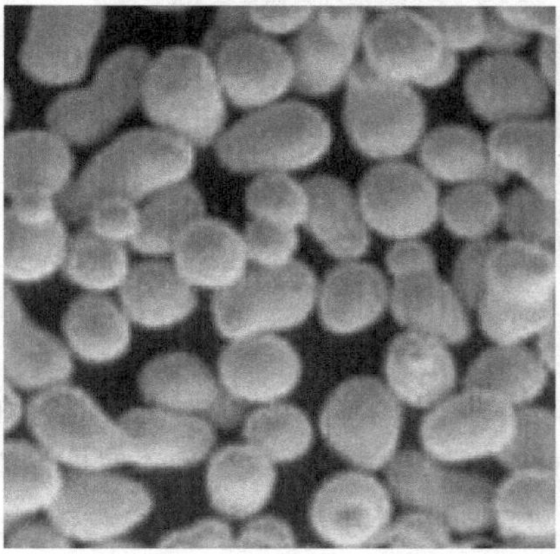

图 3-15　新的 Al_2O_3 颗粒形貌

图 3-16　使用 10h 后碎裂的 Al_2O_3 颗粒形貌

2. 喷砂的表面清洁作用

涂层结合力的好坏与被涂层表面状况有很大关系，并不是在任何表面的涂层结合力都很好。喷砂作为涂层的一种前处理方法，是为了确保涂层在一些状况不好的表面上的结合力，如有氧化层的表面、被腐蚀的表面、研磨或抛光不佳的表面等。

工件表面的氧化层和腐蚀层与基体的结合强度很差，受到温度变化、外力或应力作用很容易剥落，但仅通过清洗又很难彻底清理掉。

在涂层加热过程中，有些氧化层和腐蚀层逐渐剥落，没有剥落的氧化层和腐蚀层就被涂层覆盖。在覆盖过程中，受到涂层应力作用，有些氧化层和腐蚀层也剥落。涂层结束后，没有剥落的氧化层和腐蚀层就存在于基体与涂层之间，在涂层冷却过程中，由于受温度变化产生热胀冷缩应力可能会带着涂层一起剥落。没有脱落的这部分涂层是靠氧化层或腐蚀层附着在基体之上的，其与基体的结合力很差，在工件使用过程中，这部分涂层先脱落。工件的失效从这里开始逐渐扩散，最终导致整个工件失效。在加热、涂层、冷却过程中的氧化层与腐蚀层的剥落，都会影响涂层的结构特性和结合力，最终都会导致工件涂层寿命的急剧降低。

喷砂可以在涂层前将工件表面的氧化层、腐蚀层等磨削掉，使刀具获得一致的表面质量，以确保涂层结合力，减少涂层刀具在使用过程中的离散表现，即获得较稳定的切削能力。图 3-17 所示为一个工件在喷砂前后的表面状况对比。喷砂后的工件表面细腻、色泽均匀一致。

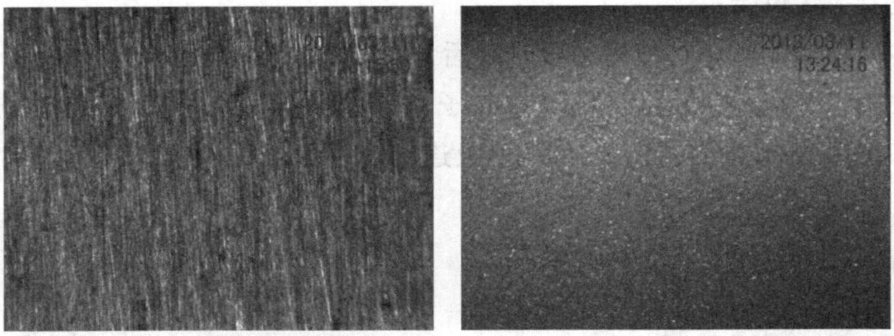

(a) 喷砂前　　　　(b) 喷砂后

图 3-17　硬质合金喷砂前后对比

3. 喷砂对刃口的细化作用

在刀具的锋利刃尖处，涂层沉积的最厚，涂层的内应力很高。切削时，在切削力与内应力共同作用下，刃口处涂层首先崩裂、脱落，而刃口处的涂层性能直接决定着整个刀具的使用寿命。图 3-18 所示为刀具切削时刃尖涂层首先脱落情况。

(a) 涂层后刀具的刃尖情况　　　　(b) 工作时涂层首先从刃尖处脱落

图 3-18　涂层刀具使用时切削刃的磨损

刃口细化是通过喷砂等处理方式将刀具刃口及切削面上的凸起颗粒及缺口碎屑去除，降低表面粗糙度，使刃口前刀面与后刀面有一个光滑过渡，减少涂层在刃尖的应力集中。图 3-19（b）所示为铣刀刃尖在最后一道制造工序磨削后的表面情况，图 3-19（c)所示为进行刃口细化处理后的刃尖情况。通过对比，可发现进行刃口细化处理后，刃口的过渡比较圆滑，表面的凸起颗粒已被去除，粗糙度明显改善。

各类刀具都要经过仔细的刃磨，并使加工粗糙度值达到了 Ra0. 8um，甚至是 Ra0. 4um。刀具制造工序的最后一道工序——磨削工序完成后，再对刀具刃

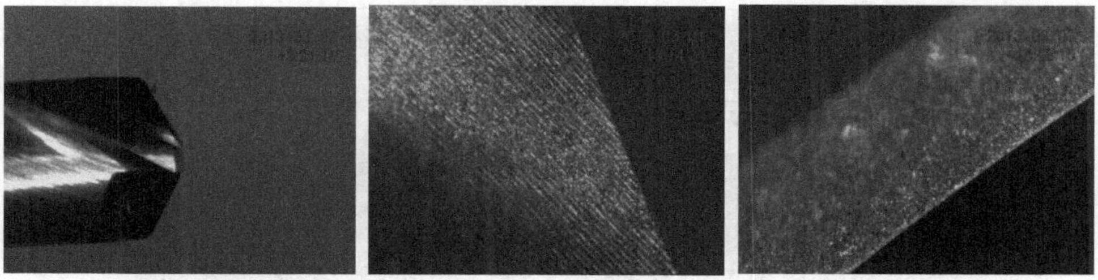

(a) 标准两刃铣刀先端　(b) 铣刀刃喷砂抛光前　(c) 铣刀刃喷砂抛光后

图 3-19　喷砂抛光对刃尖的细化作用

口进行一次钝化处理，则刀刃处将会出现细微的圆弧刃口，刃带也将变得光滑，这就消除了豁牙、锯齿和裂纹等缺陷，如图 3-20 所示。

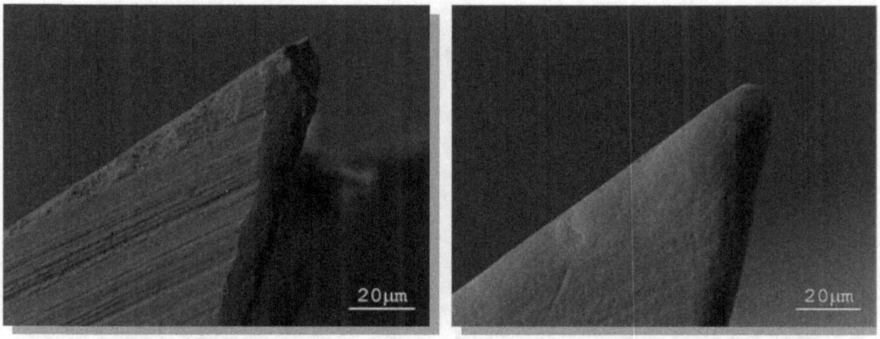

(a) 钝化前　(b) 钝化后

图 3-20　刀具刃口钝化前后放大比较

刃口钝化目的除了细化、光滑刃口，还能够减少微崩，因为较大的刀刃半径可以降低刃口处的应力集中，而应力集中的降低又可以减少刀刃微崩，如图3-21 所示。

图 3-22（a）所示为硬质台金钻头的头部，图 3-22（b）所示为钻尖的局部放大图。从放大图上可以看出钻尖表面的粗糙度并不是很好，所以需要通过喷砂细化这些表面，使其粗糙度得到改善，从而提高涂层与基体的结合力。

4. 改善钴流失表面

钴流失指的是硬质合金表面的钴含量较内部含量低的情况。一般硬质合金（钨钴类和钨钴钛类）主要是用钴作为黏结剂，而硬质合金中的钴有一定的亲水性，在刀具的加工制作过程和使用过程中会接触冷却液和润滑液，退涂过程中会接触脱膜液，都可能造成钴的流失。

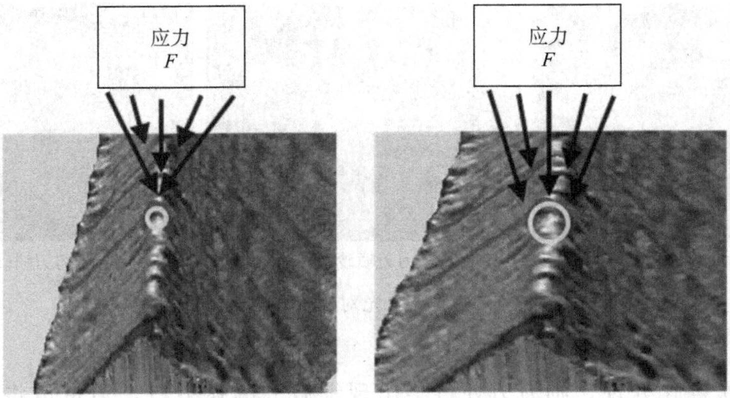

(a) 较小的刃口半径应力集中大　　　(b) 较大的刃口半径减小微崩

图 3-21　刀刃半径钝化结果比较

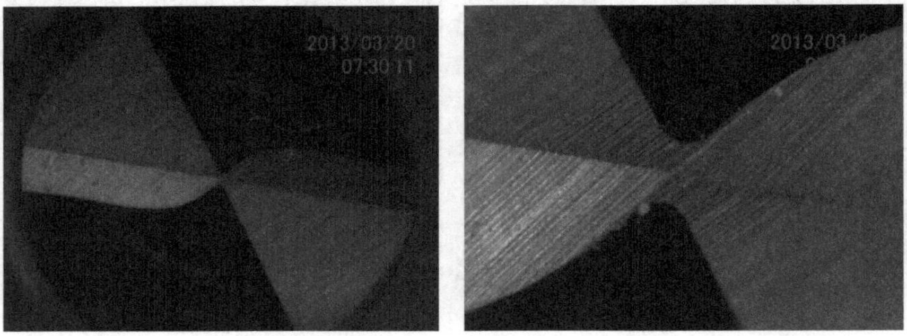

(a) 钻头头部 30×　　　(b) 钻头头部 200×

图 3-22　钻头尖部的表面粗糙度

在图 3-23 和图 3-24 中，白色部分为硬质合金颗粒，黑色部分为黏结剂钴。图 3-23（b）所示为较轻的钴流失状况。最上层的硬质合金颗粒的下面部分仍然被黏结剂黏结，而在图 3-24（b）中，钴流失较严重，最上层的整个硬质合金颗粒已失去了黏结作用，很容易从基体上掉落。图 3-25 所示为钴流失表面的微观显微图。

硬质合金表面是否有钴流失，可在放大镜下用肉眼观察，首先看表面色泽是否一致。如果色泽不一致，很可能有钴流失。钴流失量可通过能谱仪测量。将工件清洗干净后，用一定直径的钢球加上钻石膏研磨工件表面，磨得越深越好。分别测量出工件表面和所磨出的凹坑底部表面的钴含量，二者之差就是工件表面的钴流失量。

如果对已出现钴流失的工件不做任何表面处理而直接涂层，则涂层很可能会连着已失去黏结剂的硬质合金颗粒一起脱落。在图 3-26 中，涂层表面有很多不

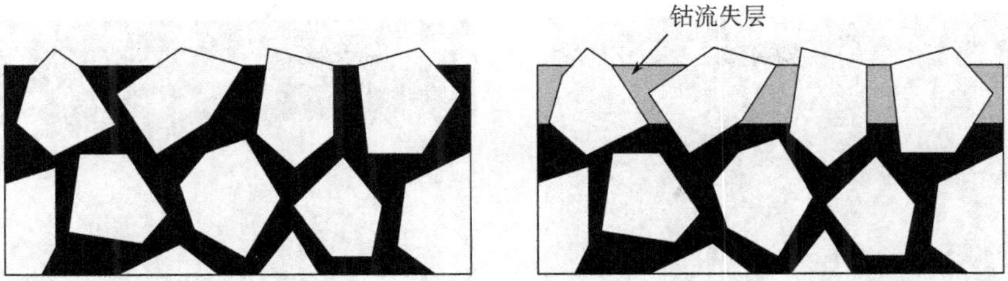

(a) 无钴流失（合金颗粒小于1~3 μ m）　　(b) 钴流失较轻

图 3-23　硬质合金钴流失示意图

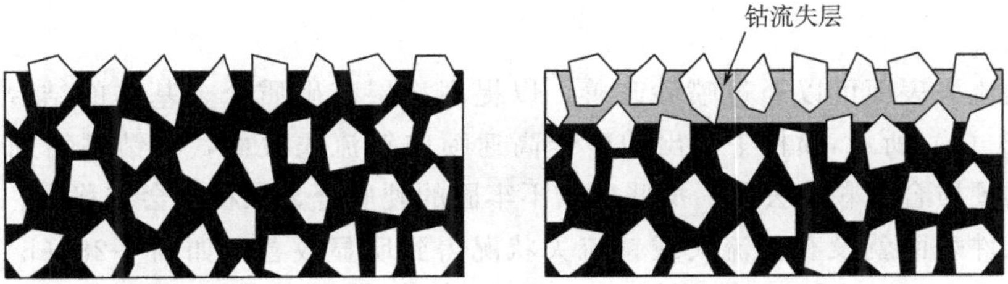

(a) 无钴流失（合金颗粒1μm左右）　　(b) 钴流失较严重

图 3-24　硬质合金钴流失示意图

(a) 钴流失的表面　　(b) 钴流失局部放大（凹坑为钴流失严重部位）

图 3-25　钴流失的微观显微图

规则分布的白色斑点，这些斑点处，涂层已经脱落，白色斑点为裸露的硬质合金颗粒。将此工件截断，观察其断面，如图 3-27 所示，可以发现涂层与基体间有一条非常小的缝隙，并且在涂层的下面还黏着一些白色的颗粒。这些白色的颗粒就是失去钴黏结的硬质合金颗粒，这些合金颗粒失去钴黏结后，在涂层的应力和加工切削力作用下，慢慢剥离钴黏结正常的基体，并随着涂层一起剥落，从而形成外观上的涂层脱落。刀具基体失去了涂层的保护，寿命会大大降低。

图 3-26　钴流失表面涂层后表面状况

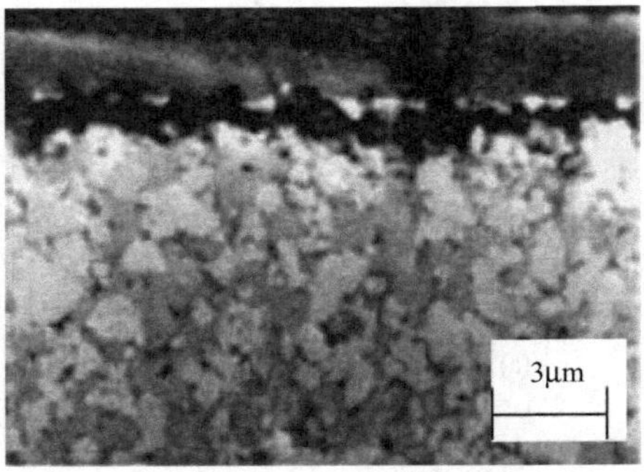

图 3-27　钴流失表面涂层后截面状况

钴流失表面可以通过喷砂改善，以提高涂层与硬质合金基体的结台力。如图 3-28（a）所示，喷枪中喷出的砂子高速喷向钴流失表面，将钴黏结剂已流失周围的硬质合金颗粒去除，那些黏结不牢固的硬质合金颗粒也会被移出。这样喷砂后工件表面就没有钴流失或钴流失状况得到明显改善，如图 3-28（b）所示。在这样的表面上涂层，其结合力也将显著增强。

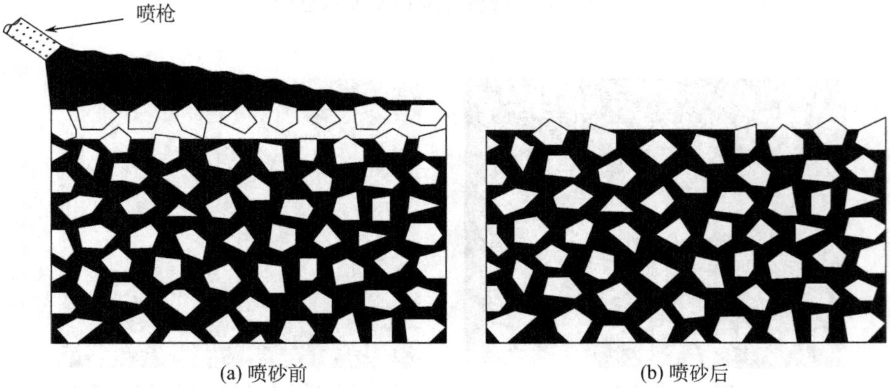

图 3-28　喷砂改善钴流失表面状况

既然钴流失对涂层有负面影响，而喷砂又可以改善钴流失表面，那么是不是只要有钴流失，不管钴流失有多少，都可采用喷砂工艺改善呢？实际上并非如此，一些轻微的钴流失并不会影响涂层结合力，可以不喷砂而直接涂层。对于钴流失较严重的，通过喷砂处理，使钴流失控制在一定比率内就可以继续涂层。如果喷砂后，表面钴流失仍然很高，在可接受比率之外，则在该工件上的涂层结合力就不合格。

3.1.4　抛光

抛光是为了提高工件或涂层的表面光洁度，以减小工件在使用过程中的运动阻力，减小摩擦。抛光所能达到的光洁度远高于喷砂工艺，喷砂所能达到的最好表面粗糙度为 Ra1.0，而抛光可以远到 Ra0.1 以下直至镜面。抛光分涂层前抛光和涂层后抛光。抛光工艺主要应用在模具涂层上。

1. 加工原理及特点

用高速抛光轮涂上研磨膏（钻石膏用的较多），对工件表面进行光整加工。抛光轮一般用毛毡、橡胶、皮革、布等制造。方法简便经济，容易对曲面加工，只能减少粗糙度，劳动条件差。主要用于零件、摩擦磨损件和各类模具、标准件表面的装饰抛光。

现代制造中，很多情况下，抛光、钝化往往结合起来，自动化程度非常高，如图 3-29 的抛光钝化设备。

(a) 尼龙刷钝化机构

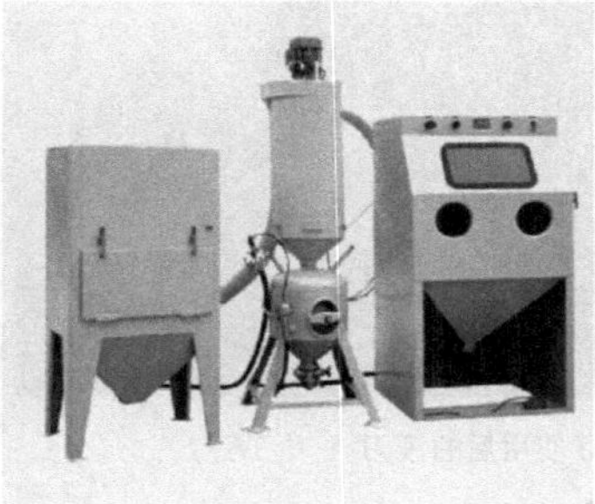

(b) 滚刀喷砂、钝化机

(c) 立式刀具抛光、钝化机

(d) 干/湿喷砂机

图 3-29　不同类型的抛光、钝化设备

2. 抛光、钝化在滚刀涂层上的应用

滚刀是一种非常重要的刀具，是加工齿轮的主要刀具。随着现代加工齿轮技术的发展，对滚刀的要求也越来越高。高速、硬齿面的加工非常普及，所以绝大多数滚刀都要进行 PVD 涂层。

图 3-30 是涂层 TiN 滚刀使用后的局部放大照片。一般情况下，对于该类滚刀要进行修磨，然后退涂，再进行涂层。但是在修磨后估计还会存在卷边（见图 3-30（b））、毛刺（见图 3-30（c））和缺口（见图 3-30（d））等缺陷。这些缺陷如果不消除将直接影响涂层后的质量。例如，如果存在毛刺，那么涂层直接附着在毛刺上面，滚刀工作过程中，毛刺很快就脱落了，此处就没有涂层，磨损自然就加快了。

(a) 使用后的滚刀　　(b) 卷边的局部放大

(c) 毛刺的局部放大　　(d) 局部缺口的放大

图 3-30　使用后的滚刀及其各种缺陷

很多工程技术人员认为采用颗粒非常细的砂轮修磨滚刀就不会出现缺陷，这是一种误解，图 3-31 所示为滚刀精磨后的三处微观放大。如果图 3-31 中的滚刀

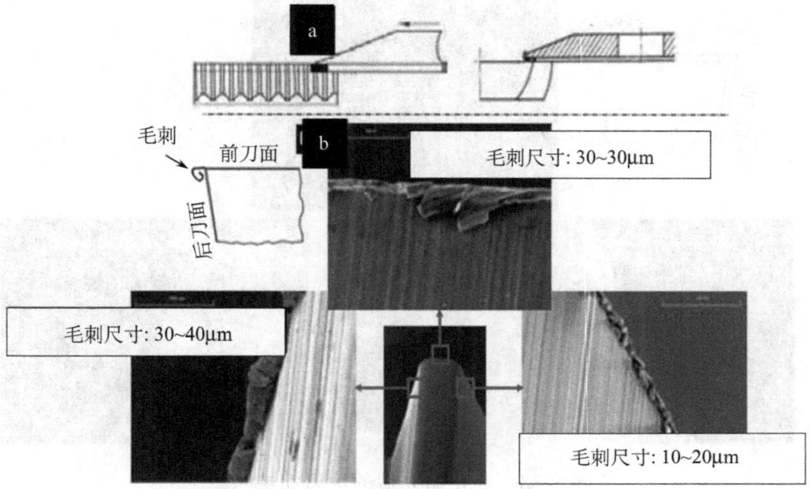

图 3-31　滚刀精磨后局部的卷边放大

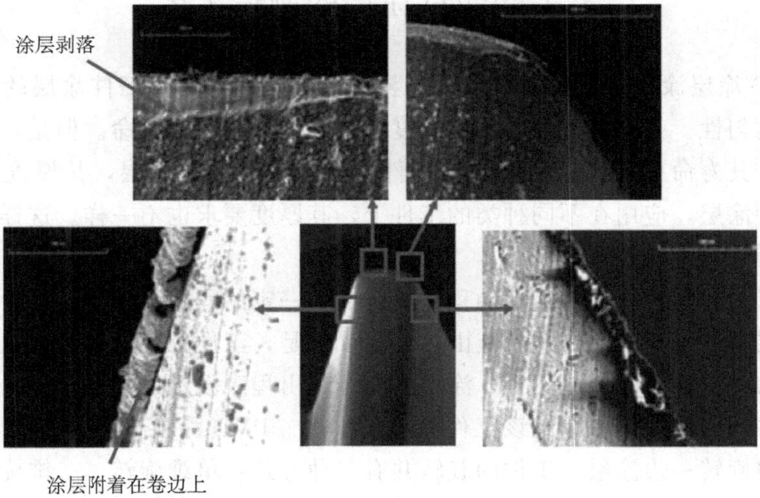

图 3-32　未作钝化和抛光的钝刀涂层后的状态

不做钝化和抛光直接涂层，涂层附着在卷边上很容易脱落，如图 3-32 所示。如果对图 3-31 中的滚刀进行钝化抛光后再涂层则情形将大不相同，此时涂层表面光滑、平整，附着力强，如图 3-33 所示。

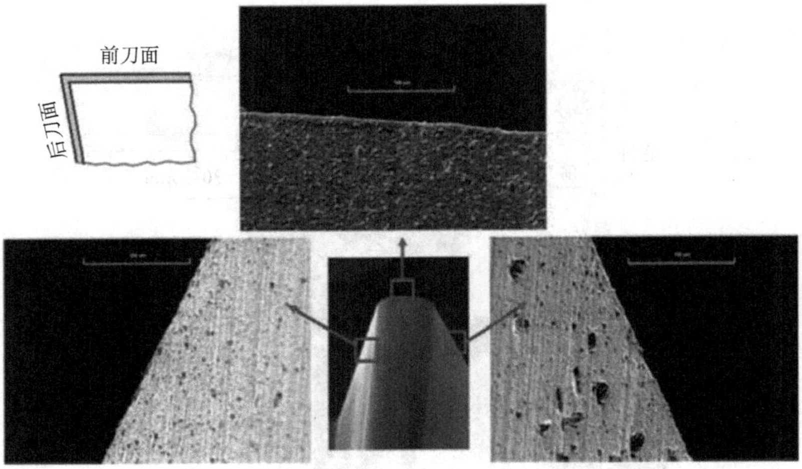

图 3-33　钝化抛光后的滚刀涂层状态

3.2　PVD 涂层的制造工艺

PVD 涂层涂覆过程中最重要的是装夹方式，这将决定工件涂层的厚薄以及涂层的均匀性。毫无疑问，涂层的厚度影响着涂层的使用寿命。但是，并不是涂层越厚，其寿命就越好。在同样的工件上，应用不同的涂层，其厚度要求不一样；同种涂层，应用在不同种类的工件上，其厚度要求也不一样。这样，涂层的厚度控制就很重要。

涂层的厚度主要是由涂层的程序决定的，一定的程序，有一定的涂层厚度范围，涂层的厚度基本上在这个范围内变动。但是，工件的装卡方式也极大地影响着涂层的厚度，有时装卡不当，涂层厚度会超出程序设定的范围。

工件的旋转维数影响着该工件涂层的厚度。PVD 涂层的工件都要装卡在炉腔内一边旋转一边涂层。工件的旋转共有三种方式：单维旋转、二维旋转和三维旋转。对于相同的涂层程序，旋转维数越多，涂层越薄。二维旋转涂层厚度大约是三维旋转涂层厚度的 1.5 倍，单维旋转涂层厚度大约是二维旋转涂层厚度的 1.5 倍。例如，在同一涂层炉次中，相同大小的工件，有单维旋转的，有二维旋转的，也有三维旋转的，则这些工件的涂层厚度大不一样。假设三维旋转的工件涂层厚度为 2μm，则二维旋转的工件涂层厚度大约 3μm，而单维旋转的工件涂层厚度可达到 4.5μm 或更多。

装卡时，工件的疏密也影响着工件涂层的厚度。装卡密的区域的工件涂层厚度较薄，装卡疏的区域的工件涂层厚度较厚。疏密相差越大，则涂层厚度相差也越大。

图 3-34 所示为模具和零件涂层时装炉状态。如果是切削刀具装炉时特别要注意，因为刀具本身的形状也影响其不同位置的涂层厚度。图 3-35 所示为一把滚刀单个齿上的涂层厚度分布，图 3-36 所示为一支钻头不同位置的涂层厚度分布。由此可见，刀具不同部位的厚度受装夹影响很大，所以装填时要根据经验确定装夹方式。

(a) 模具装炉时的状态　　(b) 零件装炉时的状态

图 3-34　工件装炉时的状态

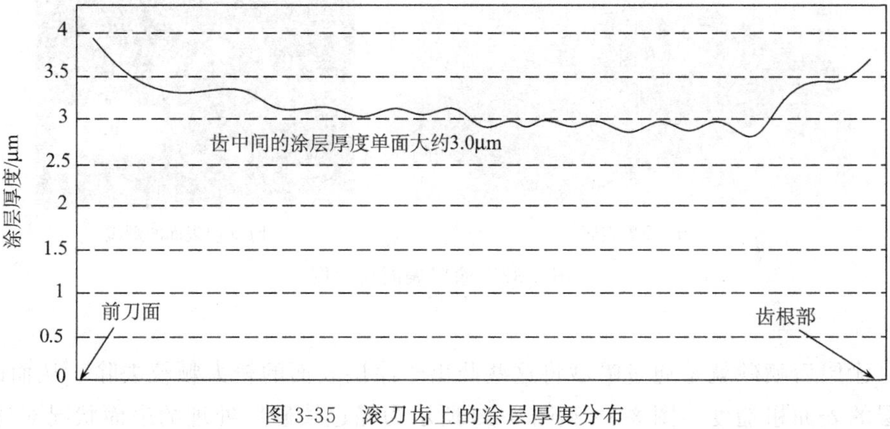

图 3-35　滚刀齿上的涂层厚度分布

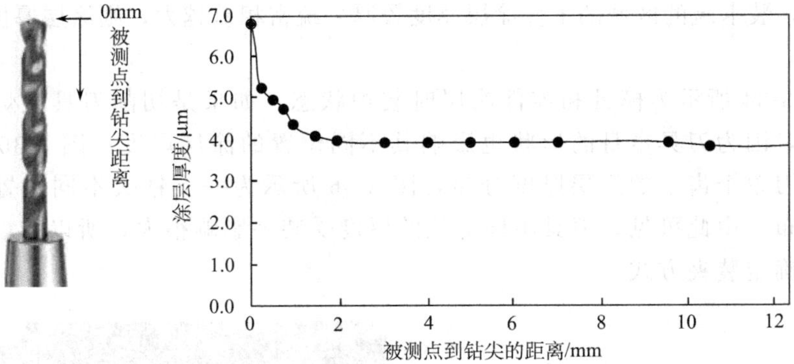

图 3-36　钻头上不同位置涂层厚度分布

3.3　PVD 涂层的后处理工艺

PVD 涂层是由靶材蒸发、气化变成微小的颗粒沉积在工件表面而形成的。在沉积快结束时，最后沉积的颗粒就会凸出在涂层表面，如图 3-37 所示。另外，涂层颗粒有大有小，那么形成涂层最表面的涂层颗粒也会大小不一，这样在涂层最表面就会有很多大小不一的颗粒凸出在涂层表面，这些颗粒明显增加了涂层的表面粗糙度，而涂层的表面粗糙度与工件工作时产生的磨擦阻力大小有很大关系。所以去除涂层表面的凸出颗粒改善涂层表面粗糙度以减小摩擦、磨损就很有意义和必要。

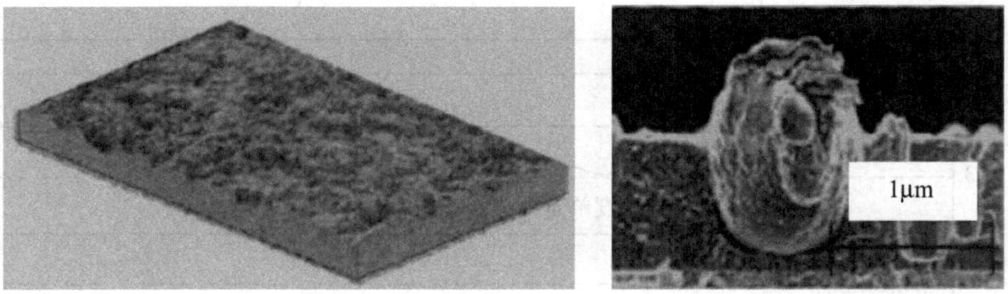

(a) 涂层表面　　(b) 涂层表面的颗粒

图 3-37　涂层表面放大图

涂层后喷砂就是通过喷砂将这些凸出于涂层表面的较大颗粒去除，从而改善涂层的表面粗糙度。图 3-38 和图 3-39 所示为经过喷砂后处理的表面状况对比。

工件的涂层表面粗糙度改善后，其加工时所遇到的切削阻力就会下降。图 3-40和图 3-41 对相同规格的钻头进行对比，在相同的涂层条件下，后处理不

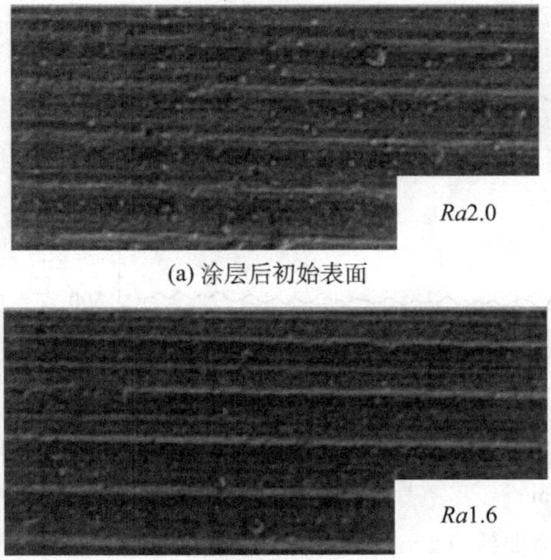

(a) 涂层后初始表面

(b) 喷砂后的涂层表面

图 3-38　涂层表面的喷砂后处理

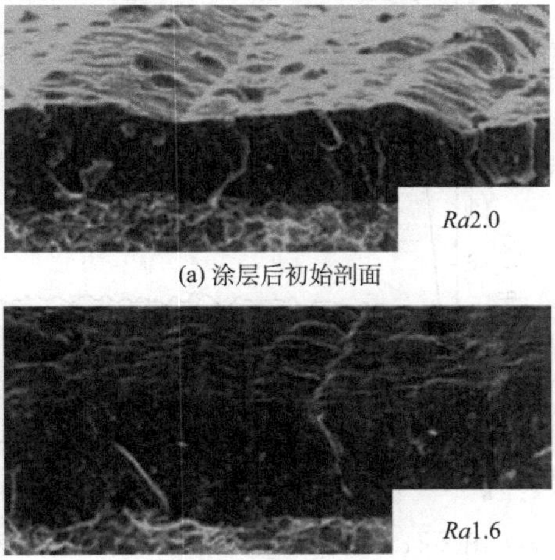

(a) 涂层后初始剖面

(b) 喷砂后的涂层剖面

图 3-39　涂层表面的喷砂后处理

同时，两个钻头的钻削深度与钻削阻力的关系。通过对比发现，在没有做后处理时，钻头的钻削阻力在整个钻削过程中时高时低，即钻头在钻孔时，会产生震动，影响钻孔精度，同时也会降低钻头的使用寿命。而经过喷砂处理后，在整个钻孔过程中，钻削阻力非常一致，钻头在钻孔过程中震动也小，这是因为钻头涂层的表面粗糙度一致性好，摩擦阻力、跳动小；另外，涂层表面平均粗糙度也明显下降，刀具的寿命显然也会提高。

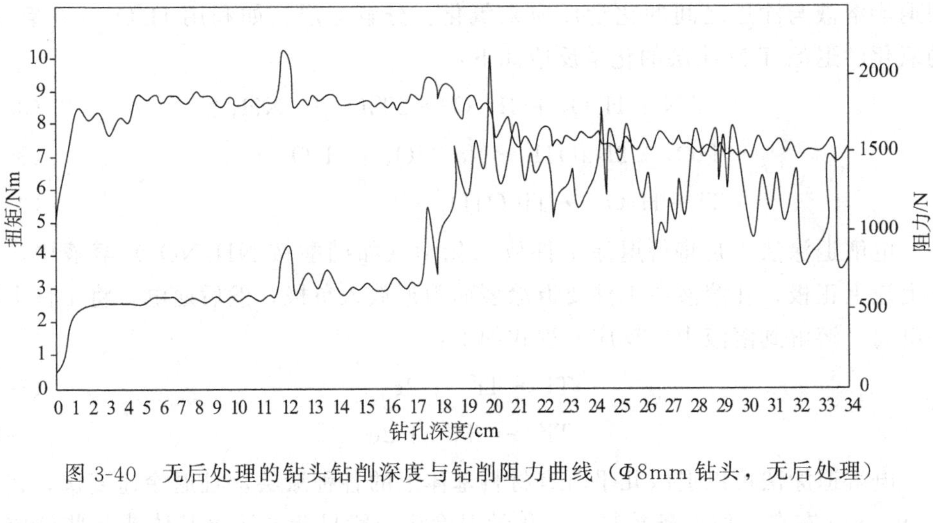

图 3-40　无后处理的钻头钻削深度与钻削阻力曲线（Φ8mm 钻头，无后处理）

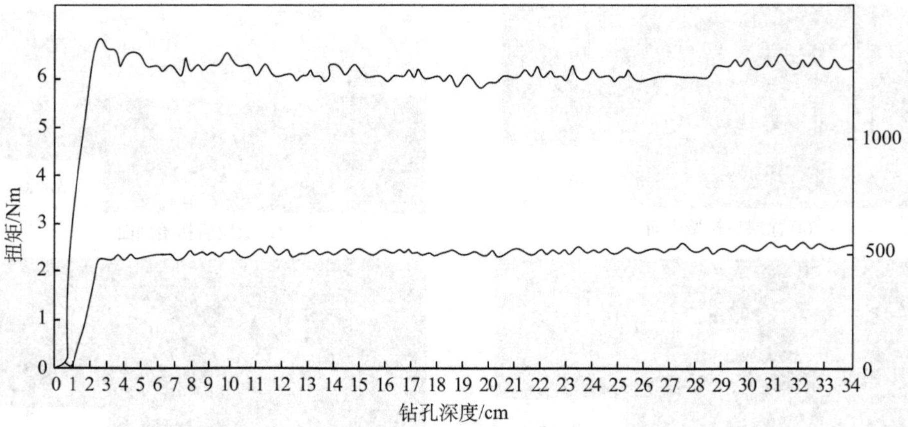

图 3-41　喷砂处理后钻头钻削深度与钻削阻力曲线（Φ8mm 钻头，0.4kg 喷砂处理）

3.4　PVD 涂层的退涂层工艺

退涂是在涂层前，将工件上已有的旧涂层去除的工艺。工件（指刀具、模具、零件、最终产品等）在初次涂层使用后可进行修复并再次涂层继续使用，也可多次修复、重复涂层。但是多次涂层的不断堆积对使用寿命及工件精度会产生负面影响，所以就有了退涂的需求。

退涂工艺主要有化学退涂工艺和电解退涂工艺两种。这两种退涂工艺都是利用退涂溶液与涂层之间的化学反应来氧化、分解涂层。如利用 H_2O_2（双氧水）的氧化性退涂 TiN 涂层的化学反应如下：

$$2TiN + H_2O_2 + 2H_2O \rightarrow 2TiO_2 + 2NH_3\uparrow \tag{3-2}$$

$$TiO_2 + 2NaOH \rightarrow Na_2TiO_3 + H_2O \tag{3-3}$$

$$Ti + H_2O_2 \rightarrow Ti(OH)_2 \tag{3-4}$$

电解退涂法，是将待退涂工件放入化学（如硝酸铵 NH_4NO_3）溶液中，工件上连上正极，在溶液中工件要退涂表面附近放入负极，然后通电，将工件上涂层电离、溶解到溶液中。反应方程式如下：

$$Ti \rightarrow Ti^{2+} + 2e^- \tag{3-5}$$

$$Ti^{2+} \rightarrow Ti^{4+} + 2e^- \tag{3-6}$$

电解退涂法可以退涂几乎所有材料基体上的各种涂层，且退涂速度快，在每 10μm/min 左右，但设备较复杂。化学退涂法一般只能退涂钢基体或某些硬质合金基体上的涂层。

作为退涂工艺，不管哪种方法，在氧化、溶解掉涂层的同时，该退涂溶液也可能对基体造成损伤，因为有些钢中含有与涂层相同的合金成分，如 Ti、W、A1 等，尤其是 P 类硬质合金中，含有 15％左右的 TiC，对腐蚀液比较敏感。另外，硬质合金中都含有钴作为黏结剂，而钴在化学溶液中较容易流失，钴流失后，其周围的硬质合金成分就失去了结合力，容易脱落，工件表面被破坏。所以对于需退涂的工件，一方面要在退涂前做好充分准备，了解工件基体材料的特性；另外，在工件退涂后，做一些必要的后处理，如喷砂、抛光等，如可能重新加工、修复工件表面。

第 4 章　PVD 涂层的结构与性能

4.1　气相沉积技术概述

4.1.1　气相沉积技术及其分类

气相沉积是一种在基体表面形成功能膜层的技术，它是利用物质在气相中产生的物理或（及）化学反应而在产品表面沉积单层或多层的、单质或化合物的膜层，从而使产品表面获得所需的各种优异性能。

气相沉积作为一种表面镀膜方法，其基本步骤是使需要镀的物料气相化→输运→最后沉积。它的主要特点在于不管原来需镀物料是固体、液体或气体，在输运时都要转化成气相形态进行迁移，最终到达工件表面沉积凝聚。

气相沉积主要分为两大类，即化学气相沉积和物理气相沉积。

最初，人们利用易挥发的液体 TiCl 稍微加热获得 TiCl 气体和 NH_3 气体一起导入高温反应室，让这些反应气体分解，再在高温固体表面上进行遵循热力学原理的化学反应，生成 TiN 和 HCl。HCl 被抽走，TiN 沉积在固体表面上形成硬质固相薄膜。把这种通过含有构成薄膜元素的挥发性化合物与气态物质，在固体表面上进行的化学反应，且生成非挥发性固态沉积物的过程，称为化学气相沉积。

同时，人们把另一类气相沉积，即通过高温加热金属或金属化合物蒸发成气相，或者通过电子、等离子体、光子等荷能粒子的能量把金属或化合物靶溅射出相应的原子、离子、分子（气态），在固体表面上沉积成固相薄膜，其中不涉及物质的化学反应（分解或化合），称为物理气相沉积。随着气相沉积技术的发展和应用，上述两种类型气相沉积各自都有新的技术和工艺内容，两者相互交叉，难以严格分清是化学的还是物理的。例如，人们把等离子体、离子束引入传统的物理气相沉积技术的蒸发和溅射中，参与其镀膜过程，同时通入反应气体，也可以在固体表面进行化学反应，生成新的合成产物固体相薄膜，称为反应镀。在溅射钛（Ti）等离子体中通入反应气体 N_2 最后合成 TiN 就是一例。这就是说物理气相沉积也可以包含化学反应。例如，在反应室内通入甲烷，借助 W 靶阴极电弧放电，在 Ar、W 等离子体作用下使甲烷分解，并在固体表面实现碳键重组，生成掺 W 的类金刚石碳薄膜，人们习惯上把这种沉积过程仍归入化学气相沉积，但这是在典型的物理气相沉积技术——金属阴极电弧离子镀中实现的。另外，人们把等离子体、离子束技术引入传统的化学气相沉积过程，化学反应就不完全遵循传统的热力学原理，因为等离子体有更高的化学活性，可以在比传统热力学化学反应低得多的温度下实现反应，这种方法称为等离子体辅助化学气相沉积（Plasma Assisted Chemical VaporDeposition，PACVD；有些资料称为等离子体增强化学气相沉积，PECVD），它赋予化学气相沉积更多的物理含义。

现在，化学气相沉积与物理气相沉积的不同点，只有用于镀膜物料形态的区别，前者是利用易挥发性化合物或气态物质，而后者则利用固相（或液相）物质。这种区分似乎已失去原来定义的内涵实质。

本文仍然按照已有的习惯，主要以上述镀料形态的区别区分化学气相沉积和物理气相沉积，把固态（液态）镀料通过高温蒸发、溅射、电子束、等离子体、离子束、激光束、电弧等能量形式产生气相原子、分子、离子（气态、等离子态）进行输运，在固态表面上沉积凝聚（包括与其他反应气相物质进行化学反应生成反应产物），生成固相薄膜的过程称为物理气相沉积。

4.1.2　PVD 和 CVD 的技术特性比较

与 PVD 技术比较，CVD 技术所需金属源的制备相对容易，工艺控制也较简单，只要改变通入反应室的合成气体，就可以沉积不同种类的涂层。并且 CVD 技术的工艺温度较高，化学反应快，沉积速率也较快，故 CVD 技术可以在较短的时间内沉积同样厚度的涂层；另外，较高的沉积温度，使气体分子或原子在基体表面吸附和扩散作用加强，化学反应更加充分，所以 CVD 涂层与基体的结合力也更强，从而也可以沉积更厚的涂层。

尽管 CVD 技术相对于 PVD 技术具有以上的优点，但 CVD 技术亦有其“先天”缺陷：一是工艺温度高，易造成刀具材料抗弯强度下降，特别是钢基体类工件，容易变形，一般 CVD 技术只适合硬质合金类基体工件的涂层；二是涂层内部呈拉应力状态，易导致刀具使用时产生微裂纹，而 PVD 涂层内部呈压应力状态，内部的微裂纹可自动修复；三是 CVD 工艺排放的有毒废气、废液会造成较大环境污染，限制了高温 CVD 技术的发展，而 PVD 工艺几乎不产生有毒气体或废液。

4.1.3　PVD 涂层的发展趋势

当前世界 PVD 涂层技术的发展具有以下四大趋势：涂层成分将趋于多元化、复合化；涂层的应用开发更具针对性；涂层的沉积颗粒趋于纳米化；涂层的工艺温度越来越低。

1. 涂层成分将趋于多元化、复合化

第一代 PVD 涂层主要以 TiN 为主，在此技术基础上，又发展出了 TiC、

TiCN、ZrN、CrN、WC 等多种单一金属涂层。伴随 PVD 沉积技术的进一步发展，铝元素被加入涂层中，含铝的多元金属合金涂层如 TiAlN、TiAlCN 等相继问世，其耐磨性及红硬性比单一金属涂层提高了很多，可以用于较高的切削速度，如滚切，可达到 150m/min。后来，人们考虑将多种不同种类涂层分层沉积到刀具上以发挥不同涂层的优势又成为一种趋势，如 TiN＋TiCN＋TiN，TiN＋TiALN＋TiN，TiAlN＋WC/C 等。近年来，PVD 涂层技术又向前迈进了一步，国外多家涂层公司已开发出了脉冲涂层技术并开始应用，如瑞士 Balzers 公司的 P3E（Pulse Enhanced Electron Emission，脉冲增强电子发射）技术，德国 CemeCon 公司的 H. I. P（High Ion Pulse，高能粒子脉冲）技术。这两种新技术都是利用脉冲电子激活电弧蒸发靶材，由于该工艺可在氧气氛围中运行，所以，理论上讲，用这种工艺几乎可以沉积任何金属氧化物（如 Al_2O_3，ZrO_2，Cr_2O_3，Ta_2O_5 等）及其化合物涂层。目前，AlO_x 涂层已进入实用试验阶段，相信在不久的将来就会广泛应用。

2. *涂层的应用开发更具针对性*

为满足不同的应用要求，涂层的开发设计越来越具有针对性。针对不同的应用领域如钻削、铣削、干式滚切、冲压、拉深等的特点和特性要求，开发在这方面具有相对优势的涂层。经过不断努力和尝试，在某些领域已获得了成功，如高铝含量的 AlTiN（Al：Ti＝2：1）涂层应用在铣削上，不含 Ti 的涂层 AlCrN 应用在高速干式滚切上，复合涂层 AlCrN＋TiSiN 应用在钻削上，复合涂层 TiN＋TCN 应用在深拉模具上，寿命都明显优于其他涂层。另外，如针对抗腐蚀（CrN 涂层）、自润滑（WC/C 涂层）、软材料加工（MoS_2 涂层）、高硬材料加工（CBN、Dimond 涂层）的各种有针对性的涂层等都早已获得了广泛应用。虽然这些涂层在各自领域应用非常成功，但随着 PVD 涂层技术的不断发展，新的更具针对性的涂层也会继续不断地开发以替代这些现有涂层。

3. *涂层的沉积颗粒趋于纳米化*

随着纳米技术的发展和涂层技术的进步，纳米刀具涂层也引起了广大研究者和 PVD 涂层服务公司的关注。涂层沉积颗粒的纳米化，可以增强涂层与基体以及各层间的结合强度，同时可以降低涂层表面粗糙度。目前，大多数涂层的沉积颗粒仍然较大，虽然有称为纳米级的涂层，但在涂层的最后表面上仍然可以发现较大的颗粒，涂层表面仍然较粗糙。减小涂层沉积颗粒的大小并保持工艺稳定以避免较大异常颗粒的出现，将成为涂层发展的又一个方向，尤其是在镜面上的应用。虽然有些公司已经开发出镜面涂层，但质量和稳定性较差，另外，工艺也较复杂。在未来的涂层研发中，涂层颗粒的纳米化以及涂层层间厚度的纳米化将是主要发展方向，这对于提高涂层的综合性能，降低层间应力具有重要的意义，同时会提高镜面的光洁度，进一步扩展涂层在精密成型行业的广泛应用。

4. 涂层的工艺温度越来越低

从一般 CVD 涂层 1000℃左右的沉积温度到 PVD 和 PECVD 涂层 500℃左右的沉积温度，涂层的沉积温度已降低了，因此，涂层的应用范围也扩大了。但是 500℃左右的沉积温度仍然会对涂层工件产生不良影响，如变形、基体硬度降低等，因此，需要对涂层工件的前期热处理提出特殊要求，如工件的回火温度不得低于涂层温度。更低温度的涂层，如涂层温度在 200℃以下，将消除这些限制，使得可用于涂层的材料种类更多，前期热处理的选择更加灵活，不同的表面改性技术的综合应用将更加可行。同时，低温涂层的应用，也会降低涂层设备的能耗，在节约能源方面具有一定的环保作用。另外，涂层温度的降低，使得加热和冷却时间减少，也会缩短涂层的交货周期，效率更高。所以，低温涂层将会极大地促进涂层的应用、普及，必将成为 PVD 涂层发展的一个重要方向。目前，某些涂层公司已开发出低温涂层，温度最低可达到 250℃，但由于工艺不稳定、涂层与基体的结合力较差，目前并没有进入实质性的应用，还在进行改善。

4.2　PVD 涂层的组织结构

4.2.1　涂层的组织形貌

观察涂层微观组织形貌的目的是了解由涂层的内部结构决定的外部几何特征，如表面形貌、断口形貌等。微观形貌是分析薄膜生长机理、物理力学性能和了解工艺参数影响的重要依据。可以获得晶粒形貌、尺寸、分布均匀性、晶内及晶界状态、缺陷等信息。涂层的微观结构和形貌也最终决定了其性能。分析膜层组织形貌可以采用金相显微镜、扫描电子显微镜、透射电子显微镜。

目前对 TiN 膜微观形貌、相组成特征、性能及实际使用方面所做的研究工作较多。对涂层进行形貌观察和金相分析时必须对其进行腐蚀，TiN 耐腐蚀能力较强，一般腐蚀剂对它不起作用，以硝酸、氢氟酸水溶液侵蚀的效果最为理想。扫描电镜照片显示出 PVD 涂层的典型组织形貌是细密的柱状晶。进一步进行相组成分析，发现无论怎样改变涂覆工艺，涂层均由 TiN 和 Ti_2N 两相组成，而且主要是 TiN 相。众所周知，Ti 呈银白色，Ti_2N 为浅黄色，TiN 为金黄色，因此 TiN 起着调节涂层颜色深浅的作用。Ti_2N 含量高，涂层颜色浅，反之则深。随着涂覆工艺参数（主要是氮分压）的变化，涂层中两相的量亦有变化，因此涂层的颜色、硬度也随之改变。

通过涂层的组织形貌观察，可以研究涂层工艺，研发过渡层，提高涂层的结合力。图 4-1 所示为涂层的界面形貌扫描电镜照片，可以看出打底层都是 TiCN，不同之处在于图 4-1（a）中 TiCN 的晶粒比较细小，韧性好，比较耐磨，与基体结合力好；而图 4-1（b）中 TiCN 是典型的长大后的柱状晶，这种晶粒脆性大，韧性差。

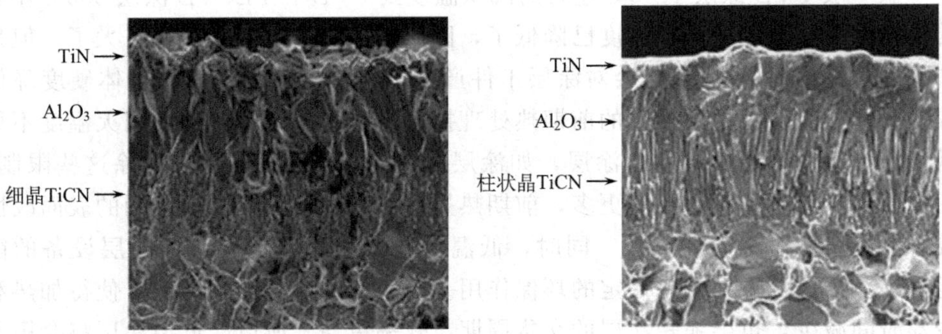

(a) 打底层TiCN细小　　(b) 打底层TiCN是粗大的柱状晶

图 4-1　涂层界面的扫描电镜形貌

4.2.2　涂层的晶体结构

1. *涂层晶体结构研究方法*

膜层内各元素在晶格内排列的特征决定了晶格的特性。PVD 沉积工艺对涂层晶体结构的影响很大，通过工艺调整，可以获得预先确定的择优取向的涂层，也可以获得非晶涂层。分析膜层的晶格结构的方法主要有 X 射线晶体结构分析和电子衍射技术。均是利用高能的 X 射线或高能的电子束照射到试样上，产生 X 射线衍射及电子衍射。

X 射线衍射是测定物质晶体结构的最常用的方法，它具有精度高、方法简单等特点，利用它可以唯一地确定近固体表面的晶相。X 射线最适合于分析厚度大于几十纳米的薄膜，为了限制 X 光穿透深度，提高膜相对于基片的衍射图案强度，一般采用掠入射角方法，每一相可由它们的特征衍射图案确定，这一 X 射线图案也提供了有关晶粒取向和晶粒尺寸分布等信息。X 射线衍射的基础是，描述晶体原子平面进行 X 射线散射的相干干涉条件满足 Bragg（布拉格）方程：

$$2d\sin\theta = n\lambda \tag{4-1}$$

式中，λ 为入射 X 射线波长；d 为晶面间距；θ 为入射角，也称为衍射角。Bragg 定律要求衍射时 θ 和 λ 要匹配。这一条件可由变化 λ 满足，或变化单晶的取向。在薄膜中，晶粒取向的分布几乎是连续的，当晶粒取向在正好满足 Bragg 条件的角度时即会发生衍射。如果拍摄了大量的标准单相物质的图样，图样上衍射峰的位置由衍射角 2θ 决定，而 θ 取决于晶面间距 d 及波长 λ，其中 d 是晶体结构决定的基本量。因此，在衍射标准卡片上列出一系列的 d 及对应的强度 I，就可以代替衍射图样。在进行物相分析时，只需将所测图样经过简单的转换就可与标准卡相对照，如果待测图样的 d 及 I 系列与某标准样能很好地对应，就可认为试样的物相就是该标准样物相。由于标准卡片的数量很多，对照工作必须借助索引进行。

2. TiN 晶体结构及其热相变规律

相关文献借助高温 X 射线衍射仪观察 TiN 晶体结构的热相变规律。试验条件：CoKa 射线，管电压 50kV，管电流 100mA，大气气氛。首先在室温下记录 TiN 晶体衍射峰；然后以每分钟 40℃的温升速度、每间隔 100℃保温 35min，分别记录 TiN 晶体的相变衍射峰。试验结果表明，用不同沉积工艺方法得到的 TiN 晶体的热相变特性差异很大。

由电弧发生等离子体 PVD 法（记为 1# 工艺）沉积的 TiN 涂层试样结果分析：在室温时，TiN 薄膜为（1 1 1）、（2 2 0）双重择优取向晶体；当温度升至 200℃时，TiN 晶体的（1 1 1）晶面衍射峰强度没有变化，而（2 2 0）晶面衍射峰强度增大，在低角度（2θ 左右）处出现宽波峰；温升至 400℃时，TiN 晶体的（1 1 1）晶面衍射峰完全消失，而（2 2 0）晶面衍射峰强度不变，低角度处的宽波峰强度增大；温升至 800℃时，TiN 晶体的衍射峰完全消失，而低角度处的宽波峰强度亦越来越弱。

由金属学理论可知，由 1# 工艺沉积的 TiN 晶体属有序固溶体结构。由高温 X 射线衍射理论可知，有序固溶体 TiN 的有序度转变临界温度低于 600℃，这种晶体结构的 TiN 高温特性较差。在室温时，TiN 晶体结构属长程有序固溶体结构，随着温度的升高，TiN 晶体的长程有序度逐渐降低，并转变为短程有序固溶体。在 400℃时，TiN 的（1 1 1）晶面衍射峰消失，600℃时，其长程有序度为零，即转变为完全无序。当长程有序度逐渐下降时，对低角度处出现的宽波峰可认为是 TiN 薄膜由晶体逐渐转变为非晶体物质。切削磨损试验表明，这种非晶态物质的耐磨性较差，因此这种有序固溶体结构的 TiN 涂层薄膜的耐磨性并不理想。

用等离子枪发射电子束离子镀（记为 2# 工艺）沉积的 TiN 涂层试样的高温衍射试验结果分析：室温时，TiN 晶体具有明显的（1 1 1）晶面择优取向，随着温度升高，涂层表面原子热振动加剧，600℃时 TiN 表面脱 N 而形成 Ti_2N＋N；当温度达到 960℃时，Ti_2N 再次脱 N 而形成 Ti＋N；TiN 的始氧化温度为 800℃，氧化物为 TiO（R）、g-$FeTiO_2$、e-FeTiO 和 TiO 等。

试验结果及其分析表明，用 2# 工艺沉积的 TiN 晶体是间隙相化合物，其晶体结构比较稳定。切削试验表明，具有间隙相晶体结构的 TiN 涂层刀具的耐热性、耐磨性均优于有序固溶体结构的 TiN 涂层数控刀具。间隙相化合物 TiN 的晶体结构稳定，高温特性优良，有利于提高 TiN 涂层高速钢刀具的工作寿命。

3. Al_2O_3 涂层的晶体结构及其性能

随着多层和 PVD 涂层的问世，使得可以切削加工的金属材料又有了新的增加。其结果是刀具生产厂家几乎不提供没有涂层的刀具。今天，几乎 90%以上的刀具都带有涂层。

凡是涉及新的刀具涂层材料的研发时，总是少不了欧洲刀具生产厂商和涂层专业厂商的身影。在众多的欧洲刀具生产企业中，瓦尔特刀具（Walter Tools）公司自 2001 年推出称为 Tigertec 刀具涂层技术之后就一直处于市场的领先地位。在成功推出 Tiger 刀具涂层材料之后，Tiger 涂层材料的品种也越来越多，也出现了新的 Al_2O_3 涂层材料。如果对这个领域极高的创新速度略加关注，必定会对此感到惊讶。Al_2O_3 涂层材料实际上是采用化学气相沉积涂覆的，但是要提高其与基体的结合力，必须与物理气相沉积涂层结合，也就是将物理涂层作为打底层。

适合作为强力切削刀具的涂层材料和化合物的选择范围是十分有限的。这些材料应该满足的基本前提条件是：很高的热硬性、耐磨损、导热率低、附着力强，以及很高的耐扩散和耐氧化性能。

总的来讲，只有少数几种化合物可生成碳化物、硼化物、氮氧化物或它们的混合物。在很多情况下，Al_2O_3 结晶是非常理想的刀具涂层材料。Al_2O_3 之所以能够成为一种理想的刀具涂层材料，不仅是因为它在 20℃时拥有高达 HV2600 的硬度，而且还因为它在 800℃的高温时始终保持 HV900～1200 的硬度。既有很高的热硬性，也有着很高的化学稳定性。但是，Al_2O_3 的强大功能只有与 MT-TiCN（MT：中等温度）硬质合金一起使用时才能发挥作用。这对于避免刀具后刀面的磨损是非常必要的。而最终对刀具的保护情况，起决定性作用的还是 TiCN 涂层的微观结构。在涂层的生产制造过程中获得的是 TiCN 硬质合金典型的柱状细晶结构晶粒时，则能够非常明显地改善涂层材料的抗剥离强度。

Al_2O_3 还有另一个重要特点，它的导热性能很差。也就是说，在切削过程中涂层基体材料受到了很好的隔热保护。这不仅在连续的螺旋切屑中，而且在断续的崩碎切屑中都具有非常重要的决定性意义。在螺旋切屑中，它能提高抵抗弹性变形的阻力；在崩碎的切屑中，它能减小硬质合金基体的温度波动。从而提高了切削工艺过程的可靠性。但是要发挥其作用必须具有可靠的中间连接层。

原则上，α、κ 和 γ 相的 Al_2O_3 晶体都可以作为涂层材料，并根据其不同的特性满足不同应用的需要。在最常用的 CVD 领域中使用的是 α 相 Al_2O_3 涂层材料。在这里 α 相 Al_2O_3 有着最佳的耐热性和化学稳定性。

为了充分发挥 Al_2O_3 的优势，涂层必须在 TiCN 硬质合金基体上有足够的附着能力。而这强有力的附着性能是由连接层实现的，是依靠它与 Al_2O_3 涂层机械性地咬合在一起实现的。然而，这种连接层还有另外一个重要的任务，除了负责连接硬质合金基体与涂层，还负责涂层晶体的变化和结构纹理的形成，即负责结晶几何形状的形成。

为了生成纯 α 相的 Al_2O_3 晶体，必须要有一个同构的结晶结构作为基础。即连接层应有一个类似 α-Al_2O_3 的结构。因此，一般情况下在高温的 CVD 领域中用 TiO 作为连接层材料。而在有些公司里，则是用 TiCN 和 Al_2O_3 材料的混合体制造连接层的。这种连接层材料解决方案的优点在于，能够得到非常纯的 α 相的 Al_2O_3 晶体，以及非常高的 001 晶体结构。

为什么这种连接层起着决定性的作用呢？这是一个很难回答的问题。导热性能和硬度在结晶体中呈现出与晶格有关的方向性，在所谓的 001 优先方向有着最大的数值。从而可以在具体的使用情况下，如在钢材的高速切削时使刀具的耐用度提高 30％。

由于晶体结构的重要性，在制造涂层时必须有相应的涂层晶体测试手段，一种特殊的晶格结构检测技术保障了极精确的检测结果，而且提供了进一步改进提高和优化的可能性。当其他检测技术还只能进行涂层材料晶体的一维检测时，研发对晶体进行 3D 检测是非常必要的，而且还能得到非常精确的检测结果。而这种检测技术是精确调整晶体结构的先决条件。

4.3　PVD 涂层的物理性能

4.3.1　涂层的硬度

硬度是材料抵抗异物压入的能力，是材料多种力学性能的综合表现。不同的涂层材料 PVD 涂层的硬度也是不同的。涂层的厚度一般为单面 1～8μm（有些涂层可以厚至单面 15μm），所以涂层的硬度应采用显微硬度计测量。显微硬度有两种测试方法：维氏硬度和努氏硬度。相关的测试方法会在后续章节中介绍。

4.3.2　涂层的结合力

涂层结合力是指涂层与被涂层基体表面的相互黏附能力，也就是将涂层从基体上剥离的难易程度。越难剥离，涂层结合力越好。涂层的结合力是涂层非常重要的一个性能指标，如果涂层的结合力不好，其余的性能就都没有了，更别说涂层的寿命了。实验发现，涂层的结合力与涂层时的温度和涂层时的靶材的离子化率有重要的关系。涂层时的温度高，靶材的离子化率高，涂层与基体的附着力也高，但是由于受涂层产品基体性能的限制，涂层时的温度要进行控制，不能无限的高，这就提出了如何保证在降低温度的同时提高涂层与基体的附着力。现在很多研究人员利用涂层的纳米化，增加过渡层基本上降低了涂层的温度，同时保证结合力满足生产的要求，但是还有很大的潜力可挖。

4.3.3 涂层的内应力

涂层内应力指的是存在于涂层任意断面上，由断面一侧作用于断面另一侧的单位面积上的力。这种应力的分布往往是不均匀的，但在一般情况下，涂层内应力多指垂直于涂层表面的断面上的应力平均值。PVD 涂层沉积温度低，涂层厚度均匀，所以内应力一般很小。

在一般情况下，即使在没有任何外力作用的情况下，涂层中也总存在着应力。因此，这种应力又称为内应力或残留应力，其数值大小也总存在着可达 $100N/mm^2$ 的数量级。涂层应力经常成为涂层应用的限制性环节。当涂层中的拉应力足够大时，将引起涂层自身的断裂。当涂层中的压应力足够大时，则会造成涂层的皱起。即使涂层应力不会造成涂层的破坏，它也会对涂层的结构与性能产生重要的影响，如涂层对基体的附着力、晶体缺陷的产生、外延涂层的完整性、涂层的电学、超导或者磁性能等的影响，都与涂层中的应力密切相关。

涂层应力主要包括热应力和生长应力，与涂层的制备方法和工艺过程密切相关，且随涂层种类和基体材料的不同而不同。

（1）热应力。由于涂层与基体材料的线膨胀系数不同以及温度变化引起的涂层应力称为热应力。

（2）涂层生长应力。这是由涂层沉积过程特点所产生的应力，与涂层材料和制备过程相关。不仅不同材料的组合会导致不同的涂层应力，而且即使材料的组合相同，不同的涂层制备条件也会在涂层系统中产生不同的应力。

4.3.4 涂层的抗弯强度

抗弯强度是在试样的两支点间加均匀载荷，直至试样被破坏。常用的是三点弯曲法，强度测试仪型号为 SGY-数显式工程陶瓷压缩强度测试仪，加载力不超过每秒 $200N/mm^2$，原理示意图如图 4-2 所示。

抗弯强度 R_{tr} 计算公式为

$$R_{tr}=\frac{3\times k\times P\times S}{2\times B\times W^2} \tag{4-2}$$

式中，k 为修正系数，取值 1；P 为试验载荷；S 为试样上两支点距离；W 为试样的高；B 为试样的宽。试验试样尺寸为长度 20±1mm，宽度 6.5±0.25mm，高度 5.25±0.25mm，倒棱为 0.15～0.2mm。

抗弯强度对涂层抵抗疲劳损伤具有重要意义。涂层在工作过程中由于附着在基体上，会随着基体的变形而变形。很多产品、零件在服役过程中经常遭受疲劳

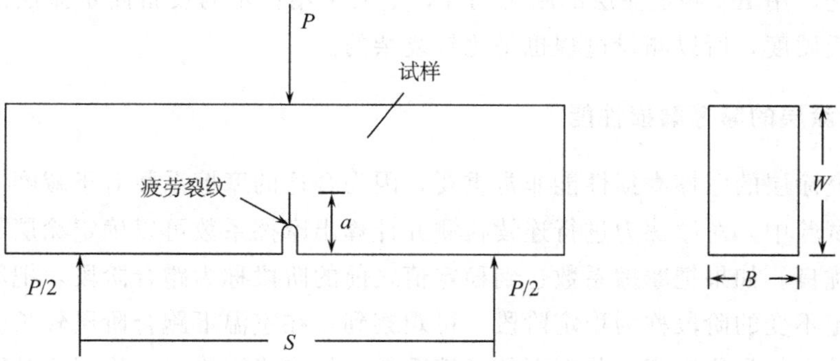

图 4-2　三点弯曲法试验示意图

载荷的作用，那么涂层也同样承受类似的载荷影响。如果抗弯强度低，在反复很少次疲劳应力作用后，涂层就会从基体上脱落，对基体起不到保护作用。所以研究、提高涂层的抗弯强度极其重要。

4.3.5　涂层的断裂韧性

断裂韧性是材料抵抗其内部裂纹扩展能力的性能指标。具有一定断裂韧性值的材料，在一定的加载条件下将会在材料的内部形成相应的裂纹形态。也就是说，材料断裂韧性的高低与所形成的裂纹形态之间应该存在一定的对应关系。通常用压痕法评价涂层的断裂韧性。

材料的断裂韧性，可通过对材料中的裂纹体建立数学模型，推导出相应的参数来测定。在建立裂纹体的数学模型时所依据的理论背景可以是不同的，因此，用来表征材料断裂韧性的参数也可以是不同的。对于涂层材料，其断裂韧性的测定可通过建立数学模型并采用压痕法进行。

用临界应力强度因子 K_{IC}对涂层的断裂韧性进行测定。应力强度因子 K_I 是表达裂纹运动规律的函数，是裂纹体所受各种外力在裂纹尖端产生效果的综合表现。当 K_I 因子增大到临界值 K_{IC}时，裂纹开始失稳扩展，用 K_{IC}表示材料对裂纹扩展的阻力，称为平面应变断裂韧性。也就是说，临界应力强度因子 K_{IC}是使裂纹扩展和形成两个新表面所需的能量。由于固体中裂纹的数目和长度与材料的韧性成反比，可通过测量裂纹的长度估算 K_{IC}值。根据已有文献，应力强度因子的临界值 K_{IC}可以根据以下的关系式确定：

$$K_{IC}=0.016\left(\frac{P}{C_0^{2/3}}\right)\left(\frac{E}{H}\right)^{1/2} \tag{4-3}$$

式中，P 是载荷，N；C_0 是压痕中心到裂纹尖端的长度，m；E 是杨氏模量，GMPa；H 是涂层的维氏硬度，GPa。

但是，用 K_{IC}测定涂层的断裂韧性，需要采用特定的设备测定涂层的杨氏模量及维氏硬度，所以测量过程也是比较复杂的。

4.3.6　涂层的摩擦磨损性能

研究涂层的摩擦磨损性能非常重要，因为合适的摩擦系数对于减磨非常有意义。在试验中，对摩擦力进行连续检测并计算出摩擦系数可以确定涂层的自润滑性能的优良。如果把摩擦系数达到稳定值之前的阶段称为跑合阶段，把摩擦系数基本稳定不变的阶段称为稳定阶段，可观察到，在室温下跑合阶段较长。实际工程中最关心的是稳定磨损状态下的摩擦系数，故取稳定阶段（涂层不被磨穿）的摩擦系数作为在该试验条件下的摩擦系数。

1. 试验载荷对摩擦系数的影响

试验时选择了四对摩擦副：①YT 硬质合金与 45 钢；②YT 硬质合金表面涂层 TiN 与 45 钢；③YG 硬质合金与 45 钢；④YG 硬质合金表面涂层 TiN 与 45 钢。试验结果如图 4-3 所示。由图中可以看到，载荷较小时，在摩擦开始时的点接触，载荷所致的应力巨大，摩擦副的塑性变形抗力较大，这时摩擦阻力主要来源于摩擦副双方接触表面微凸体之间的相互阻碍，因此摩擦阻力大，摩擦系数高；当载荷增大时，摩擦副的接触方式很快由点接触变为面接触，摩擦副的塑性变形抗力降低，微凸体之间的相互阻碍作用减少，摩擦系数减小；最后几种摩擦副都达到稳定的摩擦配合阶段，这时的摩擦系数就是作为摩擦副的表面摩擦系数。

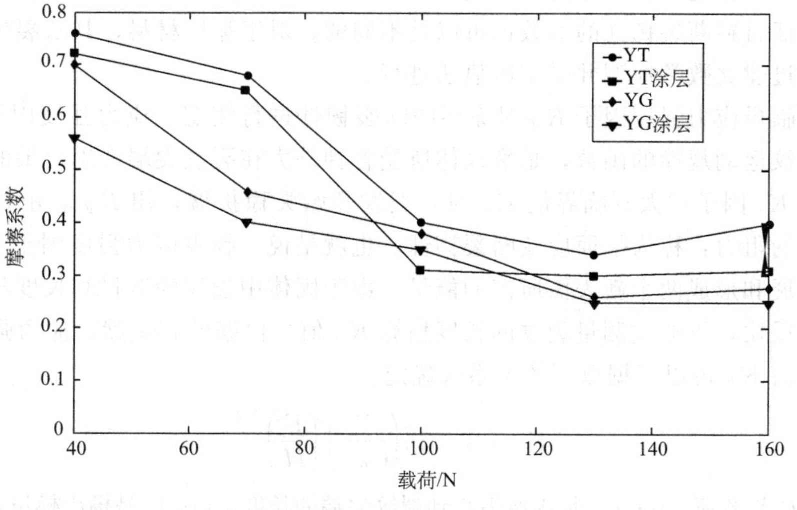

图 4-3　各类摩擦副摩擦时平均摩擦系数随载荷的变化曲线

2. 转速对摩擦系数的影响

涂层工作时，转速对其表面的摩擦系数也有一定的影响。试验摩擦副的选择同图 4-3 类似，试验结果如图 4-4 所示。由图中结果可以看到，涂层刀具的摩擦系数明显低于未涂层刀具的摩擦系数；随着载荷和转速的增加，摩擦系数呈先下降，后上升的趋势。另外，涂层刀具的磨损率也明显低于未涂层刀具的磨损率；随着载荷的增加，磨损率呈上升趋势；随着转速的增加，磨损率呈下降趋势。

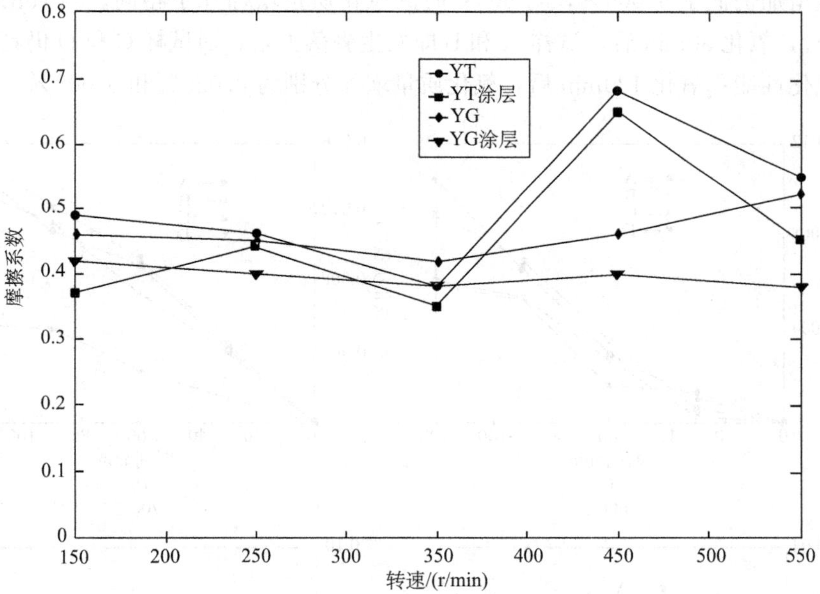

图 4-4　各类摩擦、副摩擦时平均摩擦系数随转速的变化曲线

4.4　PVD 涂层的化学性能

4.4.1　不同涂层试样的氧化动力学分析

涂层零件和产品经常要在高温下工作，面临着高温氧化的损伤，所以研究 PVD 涂层的高温氧化规律也具有重要的意义。几种涂层试样在不同温度下氧化质量的增加随时间的变化如图 4-5 所示。由图可以看出，几种涂层样品氧化质量的增加随时间都呈近抛物线增长，在氧化初期，质量增加速度较快；随着氧化时间增长，质量增加速度减缓。当氧化温度为 600℃时，几种样品的质量增加速度都较低，且差别不大，氧化 120min 后，其质量增加量都小于 0.01%。氧化温度为 700℃时，几种样品质量增加的速度有所加快，试样 A、B 和 C 氧化质量的增

加十分接近，氧化 120min 后，质量增加在 0.013％～0.015％，由于试样 D 的最外层为 Al_2O_3，试样表面不能继续氧化，表现出良好的抗氧化性，氧化 120min 后，质量增加还不到 0.005％。氧化温度为 800℃时，氧化质量增加速度明显加快，几种涂层的氧化速度从大到小依次为试样 A、C、B 和 D，且差别较大。当氧化温度为 900℃时，氧化速度急剧增加，试样 A 氧化 60min 后，即发生整体剥落导致涂层失效，试样 B 氧化 60min 后，表面也部分失效，质量增加速度加快，120min 后，质量增加超过 0.1％，较 600℃时提高了约 10 倍。而此时试样 D 的氧化质量增加仍低于 0.006％，与 600℃时的氧化质量增加几乎相同。当氧化温度为 950℃时，氧化 30min 后，试样 A 和 B 即发生剥落失效，而试样 C 和 D 仍具有较好的抗氧化性能；氧化 120min 后，氧化质量增加分别为 0.025％和 0.008％。

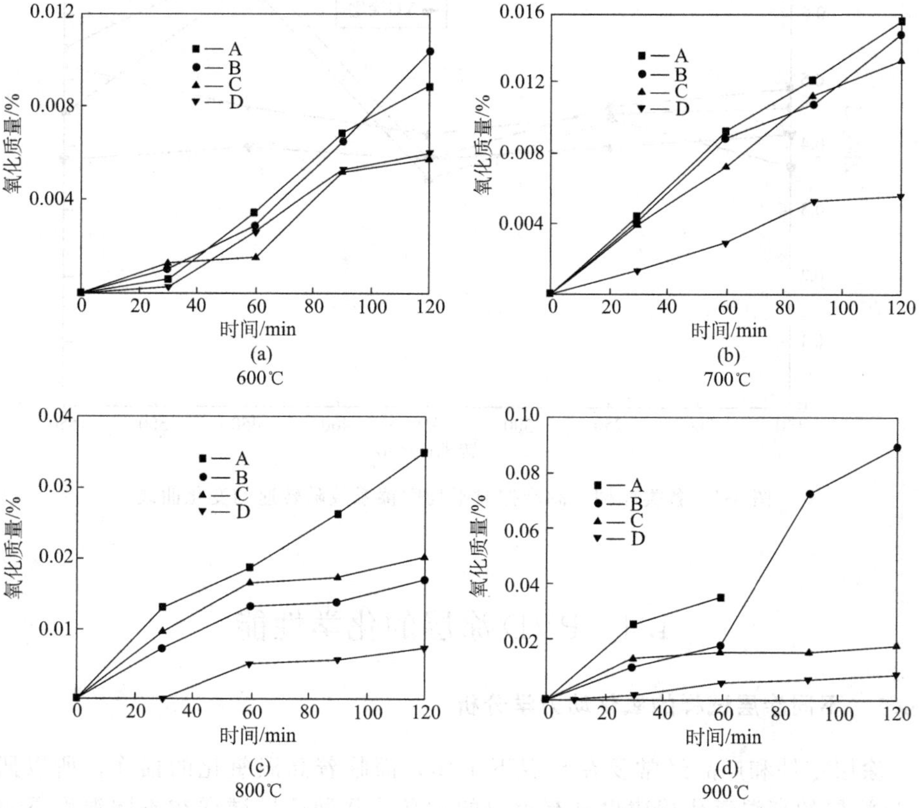

图 4-5　不同温度下涂层样品的氧化动力学曲线

徐雪霞等研究了 Al_2O_3 耐热梯度陶瓷涂层的抗氧化性能，并与相应的 ZrO_2 耐热涂层进行了比较，研究表明在 800℃时，Al_2O_3 涂层的抗氧化性能优于相应的 ZrO_2 涂层。涂层的孔隙率，尤其是通孔率是影响涂层抗氧化性能的关键因素。杨世伟等利用 MIP-8-800 型电弧离子镀设备，在 lCrllNi2W2MoV 不锈钢表面沉积了（Ti，Al）N 梯度纳米涂层，经 700℃＋500h 高温氧化性能试验表明，由于（Ti，Al）N 涂层的特殊成分结构特点，在高温氧化过程中涂层表面已转变成致密完整连续的 Al_2O_3 膜，对基体材料具有良好的保护作用，涂层氧化动力学符合抛物线规律。李佳等采用 PVD 方法在硬质合金基体上制备了不同成分与结构的（Ti，Al）N 涂层，并研究了其氧化性能。研究表明，（Ti，Al）N 涂层在氧化过程中，A1 元素向外扩散和氧元素向内扩散同时发生，高 A1 含量的（Ti，A1）N 涂层表现出较高的抗氧化性能，纳米晶（Ti，A1）N 涂层由于 A1 元素沿晶界快速向外扩散，促进了表面完整 Al_2O_3 保护膜的形成，具有比柱状结构涂层更好的抗氧化性能。

为了研究多层涂层工艺对抗氧化性能的影响，设计不同试样的涂层。氧化试验样品为长方体，尺寸为 19mm（长）×19mm（宽）×4.8mm（高）。将试样放入 60℃的真空干燥箱中充分干燥，再用电子天平（量程 200g，精度 0.1mg）准确称量得到原始重量 M_0 备用。当试样表面出现剥落，或涂层试样刃口开裂时，表示刀片已失效，不再进行更高温度或更长时间的氧化试验，试验终止。氧化结束后取出试样，使其在空气中快速冷却，称量试样重量 M_0 根据公式计算试样的氧化增重率：

$$\Delta M\% = \frac{(M - M_0) \times 100}{M_0}\% \tag{4-4}$$

式中：$\Delta M\%$为试样重量变化百分率；M 为氧化后试样的重量，g；M_0 为氧化前试样的重量，g。

氧化结束后，借助 SEM、XRD 等分析氧化前后试样的表面形貌、涂层成分及组织结构等的变化，综合评价多层复合涂层硬质合金刀片的抗氧化性能。

4.4.2　不同涂层试样氧化后的组织形貌分析

研究 PVD 涂层的抗氧化性能对于其工作环境的认定非常重要。现在选择 TiN 涂层为试验对象，在硬质合金的基体上涂覆同样厚度的 TiN 涂层。图 4-6（a）和（b)是扫描电镜下观察到的表面形貌，其中图 4-6（a）是没有经过任何高温的 TiN 样品，而图 4-6（b）是经过 800℃＋30min 处理后的 TiN 样品。显然，由于高温的作用，涂层表面出现了明显的细微裂纹，也就是说这种涂层不能在此温度下工作。进一步延长涂层样品的高温处理时间至 120min，观察同一处理温度不同处理时间的样品界面形貌，如图 4-6（c）和（d）所示。通过扫描电镜观察可以看到，涂层出现了明显的分层现象，表面涂层的成分由于高温氧化发生了分解并伴随着元素的扩散和迁移，所以形貌上出现了分层现象。如果处理时间延长，则分层分解现象越来越严重，如图 4-6（d）所示。观察样品表明，短暂的高温对涂层影响小，但是处于高温时间越长，涂层受到的损伤越严重。结果同时还表明，如果涂层厚度加厚，则抵抗涂层分解及组成元素扩散的能力也加强，因为涂层的分解是从外向内扩展的，这就是说同样类型的涂层如果在高温下使用尽可能提高涂层的厚度。

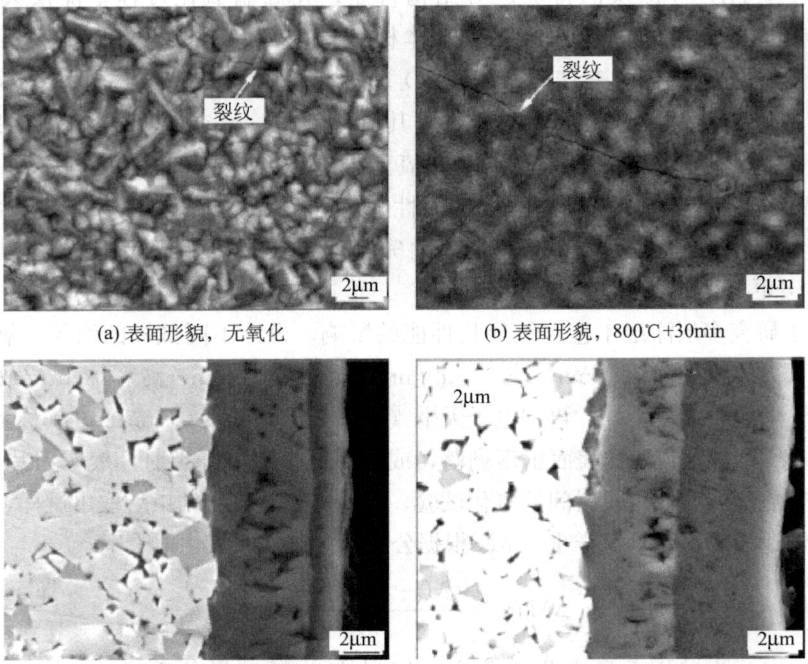

(a) 表面形貌，无氧化　(b) 表面形貌，800℃+30min

(c) 截面形貌，800℃+30min　(d) 截面形貌，800℃+120min

图 4-6　试样 TiN 在氧化前后的显微组织

第 5 章　PVD 涂层的化学成分控制

5.1　PVD 涂层的靶材选择

随着物理气相沉积技术的日益发展，目前对任何材料都可以通过离子轰击靶材被溅射并将其涂布到某种基材上。但是由于靶材对溅射膜的质量有着重要的影响，因此对靶材的要求也更加严格。

目前高端品质靶材主要由日本、德国和美国生产，我国靶材产业起步较晚，在产品质量与精细标准上与国外有不少的差距，国内也有许多大学及研究机构对靶材积极投入了大量钻研与开发，但仍处于理论研究和试制阶段，尚没有专业生产靶材的大公司，大量靶材还需进口。

5.1.1　靶材的分类和形状

目前 PVD 涂层用处非常多，包括工模具、装饰、太阳能光伏光热行业、建筑汽车玻璃行业、平面显示行业、光学、光通信、光存储行业等。不同的行业对其性能要求也不同，所以靶材的成分也不同。根据适用的行业不同，按照成分可把靶材分为金属靶材、合金靶材、陶瓷化合物靶材。陶瓷化合物靶材根据化学组成不同可分为氧化物、硅化物、碳化物、硫化物等陶瓷靶材。具体靶材分类如表 5-1 所示。

表 5-1　靶材的分类

分类方法	应用实例
材质	金属靶材（Al、Sn、Zn、Ti、Ni、Cr、Zr、Ir、Ag、Au、Pt、Hf、Nb、Cu、W、Mo、To 等）
	合金靶材（金铟、不锈钢、铜锡、镍铬、钛铝、钛锆、钛金、金银、金镍、金钯、钨钼等）
	陶瓷化合物靶材（ZnO、SiO_2、Al_2O_3 等）
靶材形状	长方体、正方体、圆柱体和不规则形状

靶材根据使用设备及用处不同制成各种形状，按照形状分，有长方体、正方体、圆柱体和不规则形状（见表 5-1）。长方体、正方体和圆柱体形靶材为实心，溅射过程中，圆环形永磁体在靶材表面建立环形磁场，在轴间等距离的环形表面上形成刻蚀区，其缺点是薄膜沉积厚度均匀性不易控制，靶材的利用率较低，仅为 20%～30%。目前国内外都在推广应用旋转空心圆管磁控溅射靶，其优点是

靶材可绕固定的条状磁铁组件旋转，因此 360°靶面可被均匀刻蚀，利用率高达 80%。图 5-1 是几种不同形状的靶材照片。

图 5-1 不同形状的靶材

由于行业的划分越来越细，对品质技术的要求也越来越高，所以现在用的最多的是靶材按照行业的使用目的不同进行细分，为了清晰可见，以表格形式列出，如表 5-2 所示。

表 5-2 靶材在不同领域的应用

应用领域	靶材类型	
微电子	铝合金（4N～6N）	Al，Al-Si，Al-Cu，Al-Ti，Al-Si-Cu，Al-Si-Pd，Al-Si-Ti
	硅化物（5N）	Mo-Si，W-Si，Au-Ge
	金（5N）	Au，Au-Sn，Au-Ge
	镍（4N）	Ni，Ni-Cr
	高熔点金属	Mo-W，Ti-W
	硅	加 P 硅，加 N 硅
	铬（3N）	Cr，Cr-Si
	钽（3N～6N）	Ta
	铜（4N～6N）	Cu
	钛（4N～6N）	Ti
磁记录	钴（3N）	Co-Ni，Co-Ni-Cr，Co-Cr-Ta，Co-Cr-Pt，Co-Cr
	镍	Ni-Fe
	铬	Cr
	铁合金（3N～4N）	Fe-Co，Fe-Si-Al，Fe-Ga-Si
光碟	碲、硒（4N）	Te，Se，Tb-Fe-Co，Dy-Tb-Fe-Gb，Nd-Dy-Fe-Co，Gd-Tb-Fe-Co，Dy-Fe-Co，Tb-Fe，Tb-Fe-Co，Dy-Tb-Fe-Co
	稀土-迁移金属（3N）	Dy-Fe-Co，Nd-Dy-Fb-Co，Gd-Tb-Fe-Co，Dy-Fe-Co
贵金属	金、银（4N～5N）	Au，Ag
	白金、钯（4N）	Pt，Pd

续表

应用领域	靶材类型	
薄膜电阻	镍合金（3N）	Ni-Cr，Ni-Cr-Si，Ni-Cr-Al，Ni-Cu
	铬（3N）	Cr-Si
	钽（3N～6N）	Ta，Ta-Al
导电膜	铟（4N）	In-Sn，In02-Sn02
表面改性	钛、铬（3N）	Ti，Ti-Al，Zr，Cr，V，Hf
光罩层	（3N）	Cr，Ta
装饰层	（2N）	Ni-Ti-Al，Ti-Al-V，Cr-Mo-Ni，Zr，Cr
电极	（4N）	ZnS
电极	（3N～4N）	Ta

1）装饰、工模具镀膜行业靶材

（1）铬靶（Cr），平面铬靶，喷涂铬管。

（2）铬硅靶 90/10wt%，50/50at%，25/75at%（电弧、平面靶、旋转管靶）。

（3）钛铝靶 50/50at%，70Ti/30at%，67Al/33at%（电弧、平面靶、旋转管靶）。

（4）钛铝硅靶 1∶1∶1at%，1∶2∶1at%（电弧、平面靶、旋转管靶）。

（5）钛靶，钛管靶，锆靶。

（6）金靶，玫瑰金靶。

（7）石墨靶，镍靶，铝靶，不锈钢靶等。

2）太阳能光伏光热行业靶材

（1）氧化锌铝靶 ZnO。

（2）硅靶。

（3）钛靶，氧化钛靶。

（4）铝靶。

（5）铬靶，镍铬。

（6）锌铝，钨，钼靶等。

3）建筑汽车玻璃大面积镀膜

（1）硅铝靶，旋转硅铝靶。

（2）氧化钛靶。

（3）锡靶。

（4）铬靶。

（5）硅靶。

（6）钛靶，不锈钢靶。

4）平面显示行业靶材

（1）ITO 靶。

（2）二氧化硅靶。

（3）高纯硅靶 5-7N。

（4）高纯铬靶 3N5。

（5）TFT 钼靶。

（6）钼铌靶。

（7）钨钛靶 90/10wt%。

（8）高纯铝靶等。

5）光学、光通信、光存储行业靶材

（1）银靶。

（2）钽靶。

（3）硫化锌靶。

（4）高纯铝靶。

（5）硅靶。

5.1.2　靶材的性能与要求

靶材制约着溅镀薄膜的物理、力学性能，影响镀膜质量，因此靶材质量评价较为严格，主要应满足如下要求。

（1）杂质及氧含量低，纯度高。靶材的纯度影响薄膜的均匀性。

（2）致密度。高致密度靶材具有导电、导热性好、强度高等优点，使用这种靶材镀膜，溅射功率小，成膜速率高，薄膜不易开裂，靶材使用寿命长，而且溅镀薄膜的电阻率低，透光率高。

（3）成分与组织结构均匀。靶材成分均匀是镀膜质量稳定的重要保证。

（4）晶粒尺寸细小。靶的晶粒尺寸越细小，溅镀薄膜的厚度分布越均匀，溅射速率越快。

由于靶材生产公司众多，所以在使用过程中避免采用劣质靶材（见图 5-2～图 5-4），否则会造成非常严重的后果。

5.1.3　靶材的制造工艺

靶材的制造工艺按金属、非金属类区别，按图 5-5 所示的工艺流程进行，除严格控制成分、尺寸，对材料的纯度、热处理条件及成型加工方法等也需要严格控制。

图 5-2　靶材密度不够，经过离子轰击加热后烧蚀、变形严重

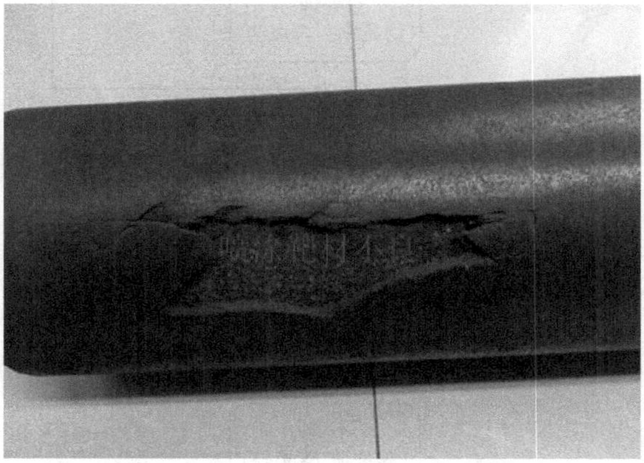

图 5-3　热喷涂制造靶材工艺不良

5.1.4　靶材的利用率

1. 靶材利用率的比较

靶材的形状对靶材实际使用中的利用率具有重大的影响，图 5-6 所示为不同形状的靶材对其利用率影响的比较。由图可以看到，旋转管靶的利用率最大。但

图 5-4　为降低成本，不良靶材公司采用焊接铜套方法绑锭靶材

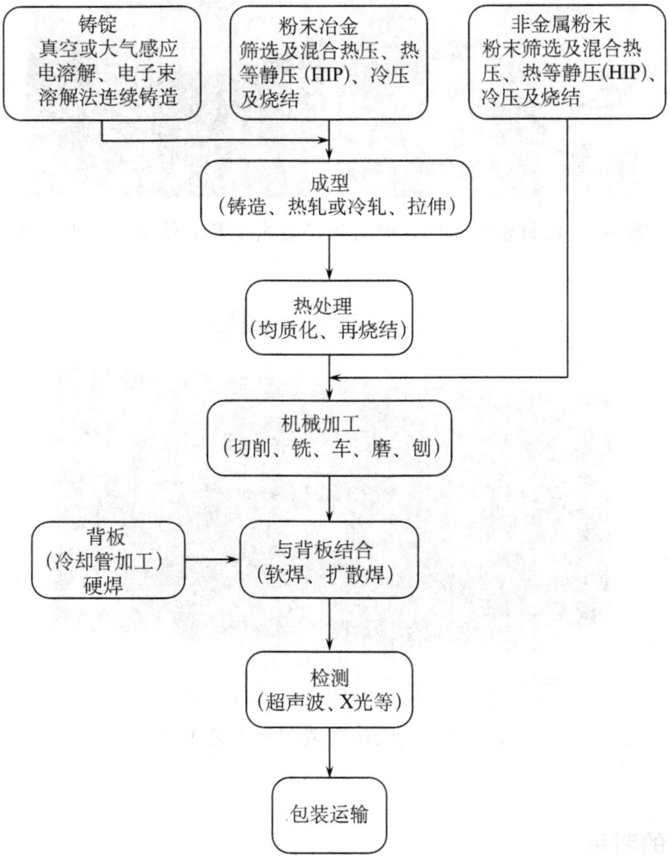

图 5-5　靶材的制造工艺

是目前由于设备、制造技术等各方面问题，电弧靶已经大量应用，旋转管靶使用还比较少。从长远看，应该大力发展旋转管靶。

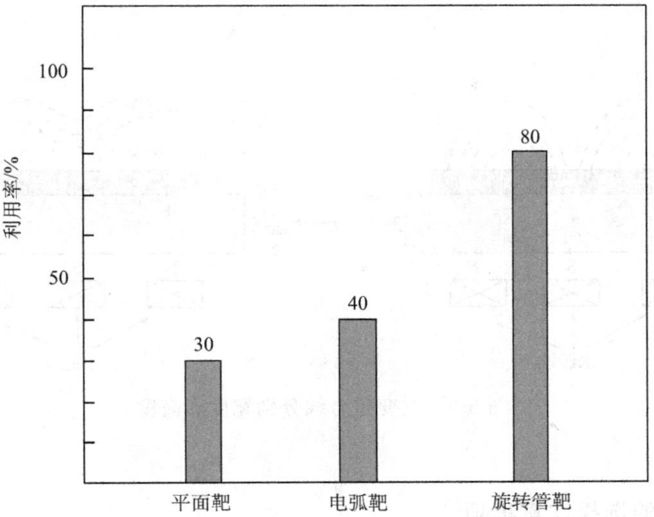

图 5-6　靶材形状对其利用率的影响

2. 提高平面靶材利用率的方法

生产中由于平面靶使用非常多，所以提高其利用率，对于节省资源、降低成本非常重要。现在有两种方法可以提高靶材的利用：外加电机带动磁铁运动，进而让磁力线运动（见图 5-7）；通过改变磁铁的布置位置，进而改变磁力线分布的宽度和高度（见图 5-8）。实践证明，这两种方法对于提高靶材的利用率非常有效。

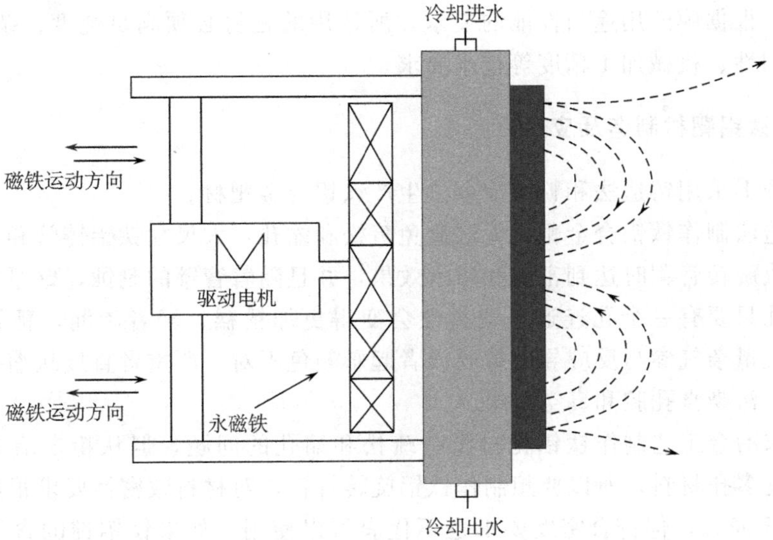

图 5-7　利用电机带动磁力线运动

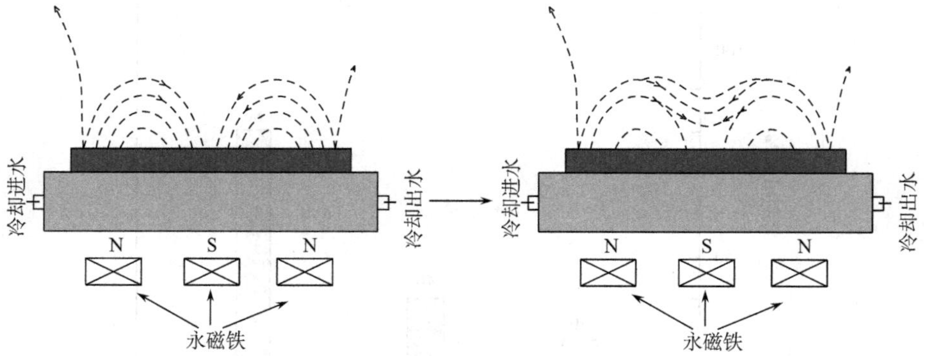

图 5-8 改变磁力线分别宽度和高度

5.1.5 靶材的选择注意事项

在靶材选用上，除了应按其膜本身的用途进行选择，还应考虑如下几个问题：

（1）靶材成膜后应具有良好的机械强度和化学稳定性；

（2）靶材成膜后与基材的结合必须牢固，否则应采取与基材具有较好结合力的膜材，先溅射一层底膜后再进行所需膜层的制备；

（3）作为反应溅射成膜的膜材必须易与反应气体生成化合物膜；

（4）在满足膜性能要求的前提下，靶材与基材的热膨胀系数的差值越小越好，借以减小溅射膜热应力的影响；

（5）根据膜的用途与性能的要求，所选用的靶材必须满足纯度、杂质含量、组分均匀性、机械加工精度等技术要求。

5.1.6 钛铝靶材制造及应用

传统上采用铸造法和粉末冶金法生产钛铝合金靶材。

铸造法制作钛铝合金靶材无法避免疏松和缩孔，大尺寸钛铝铸管和铸锭不能保证制成旋转管靶时达到密封和防水效果，并且随着管壁的刻蚀，壁厚变薄，疏松和缩孔只要有一个孔连通，密封性会变得更加糟糕，轻者渗漏，靶管起辉放电，或大量杂气参与反应导致掉膜或者起彩颜色不对。严重者直接从缩孔向真空室射水，污染真孔腔和真空机组。

粉末冶金工艺制作钛铝靶材没有疏松和缩孔的问题，但从粉末冶金微观来看，也是多孔材料，所以要想制作钛铝旋转管靶，对材料致密性要求很严，密度必需大于 98%，但符合密度要求也不代表可以使用。如果钛铝锭的含氧量很高而且微观结构不合理，钛铝锭内应力大，容易崩，也是不能作旋转管靶的，所以在粉末制作和粒度配比上有很多条件要求。既使满足这些条件，粉末冶金钛铝环还需绑锭在不锈钢管或钛管上，由于钛铝热膨胀系数很大，在溅射时局部靶材膨胀可能达到 0.5～1mm，所以现在传统绑锭方式不能有效解决这个问题。出现钛铝绑锭分离，靶面热能无法传导而爆裂的现象。而紧配绑锭是不可靠的，等离子喷涂钛铝合金靶靶材质量较差。

钟表、首饰、眼镜行业装饰镀膜玫瑰金色近来很多要求不要含碳及进一步把底层玫瑰色做到跟面色玫瑰金接近的要求。所以 TiCN 已经无法满足要求，TiAlN 是最完美解决方案。低档钟表首饰没有薄膜厚度和光泽度要求，大多采用电弧钛铝靶沉积 TiAlN，高档品牌表要求厚度达到 1μm 以上，且光泽度不能下降。电弧受液滴影响在光洁厚膜方面没有优势。目前比较好的方式是采用旋转管靶沉积 TiAlN，不仅颜色更接近玫瑰金而且厚度增加后光泽度也不受影响。

5.1.7　新靶材应用：铬硅、钛硅、钛铝硅靶

工具表面 PVD 涂层要求超高硬、耐高温、抗磨损，新型含硅涂层能够满足这种要求，于是诞生了新型含硅靶材，图 5-9 即新型的含硅旋转管靶，其主要类型有：

（1）钛硅 70Ti30wt%，80Ti20wt%；

（2）钛铝硅 1∶1∶1at%，2∶1∶1at%；

（3）铬硅 75Cr25wt%，90Cr10wt%；

（4）电弧靶、平面靶、旋转靶。

图 5-9　新型含硅旋转管靶

硅合金靶主要是针对工具镀膜、超硬膜方面的靶材，最近钟表、手机也有这方面需求如黑色防指纹超硬膜，不锈钢机壳加硬，仿金色超硬薄膜等。这一系列靶材在镀膜时是多种化合物共沉积的薄膜，如铬硅靶在制作 iPhone 黑薄膜时通入反应气体 C_2H_2，C_2H_2、铬离子与 C 元素反应沉积黑色碳化铬（CrC），同时硅又与 C 元素反应生成 SiC，这种金属碳化物陶瓷与碳化硅交替沉积和咬合大大增加了薄膜硬度，而且还保持了碳化硅表面摩擦系数很低的特性。

5.2　PVD 涂层的主要设备

5.2.1　真空蒸发镀膜原理

真空蒸发镀膜原理如图 5-10 所示，待镀膜材料和被镀基板置于真空室内，

采用电子束加热、感应加热、电阻加热等方法使待镀材料蒸发或升华，并在基板表面凝聚成膜。真空度：等于或低于 10^{-2} Pa，蒸发温度与元素有关。

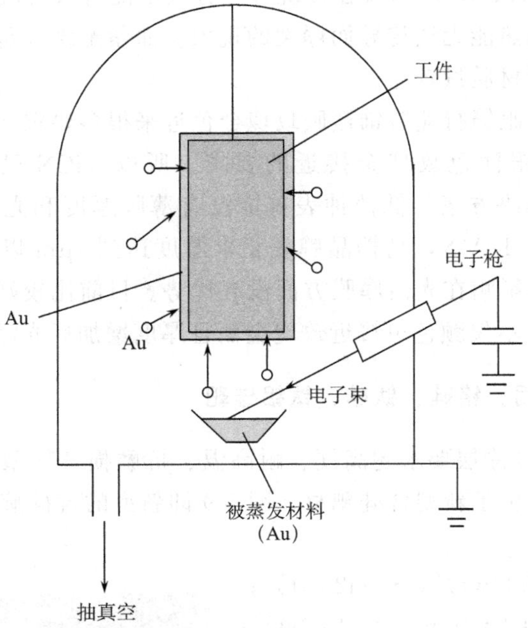

图 5-10　真空蒸发镀膜设备原理图

5.2.2　PVD 电弧离子镀原理

PVD 电弧离子镀原理如图 5-11 所示，阴极和阳极分别接低压高电流直流电源的负极和正极。真空度为 $1.0e^{-1}$～$1.0e^{-2}$ Pa 时，当引弧电极和阴极靶表面接触与离开的瞬间引燃电弧，在阴极和阳极之间即可以维持电弧放电，其电流一般为几到几百安，电压一般为 10～25V，这时阴极表面上的电流全部集中在一个或多个很小的部位，形成弧光斑点，即微点蒸发源，使靶材蒸发形成高能原子或离子束流，在基板上成膜。

5.2.3　PVD 磁控溅射原理

PVD 磁控溅射原理如图 5-12 所示，在高真空状态下导入工艺气体，并在电极的两端加上高电压后，产生火花放电。此时等离子体中的正离子在电场的作用下撞击靶材溅射出靶材的金属原子。工作压力一般为 $1.0e^{-1}$～1.0Pa，溅射电压为 300～600V，平行于靶材表面的磁感应强度为 0.04～0.07T。

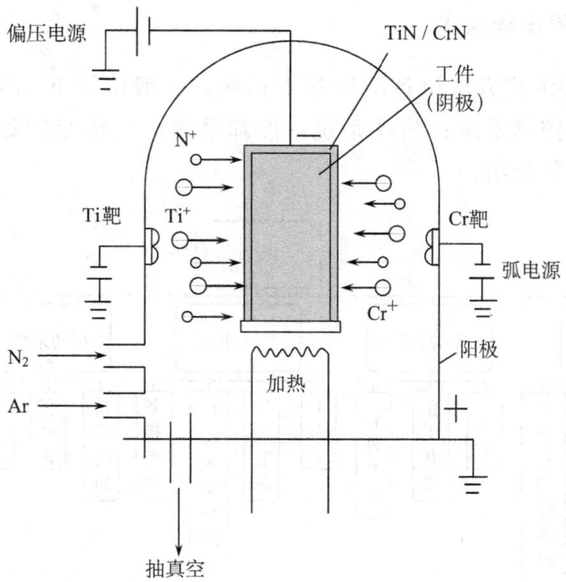

图 5-11　电弧离子镀设备原理图

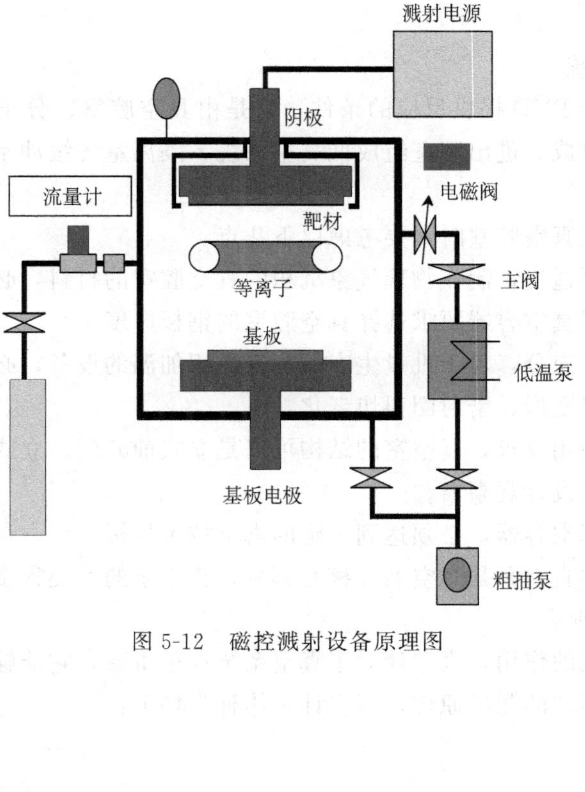

图 5-12　磁控溅射设备原理图

5.2.4 PVD 镀膜设备组成

PVD 的各种沉积方法设备结构基本相同，一般由以下几部分组成：真空系统；溅射系统；控制系统；传动系统；冷却系统。具体组成如图 5-13 所示，以下将分别进行简单介绍。

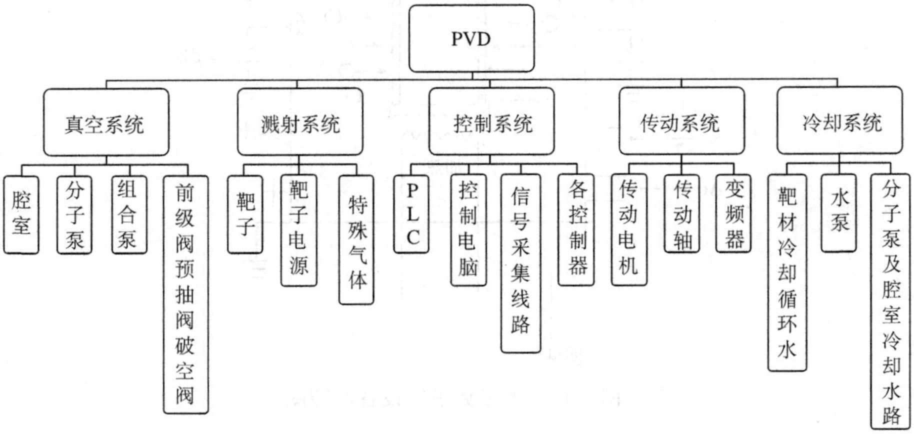

图 5-13　PVD 设备组成

1）真空系统

真空系统为 PVD 提供反应的条件，它是由真空腔室、分子泵、组合泵、气动阀门及气管组成。进出腔室组成低真空系统、隔离室＋缓冲室＋溅射室组成的高真空系统。

其中在加工真空腔室时，要考虑以下几点。

（1）选材要适当，制作物理气象沉积的真空腔室的材料，必须选用放气量小的不锈钢。按照真空容器要求选择真空腔室的钢板厚度。

（2）冷却要充分，对于批量生产的工件需用加温的设备，必须采用双层水套结构。防止高温变形、密封圈很快老化。

（3）根据使用要求，真空室的结构可以是立式前开门、立式钟罩、卧式结构等，在适当位置设计观察窗。

（4）作为真空容器，必须达到一定的真空技术指标。

真空系统中真空泵是真空系统核心部分，真空泵的种类很多，具体真空泵的分类如图 5-14 所示。

除了真空泵的作用，真空计对于真空系统也很重要，它能够测量真空系统的真空度。依据不同的测量原理，真空计具体种类如下：

（1）测量气体分子的热传导能力，分为热真空计和热电偶真空计（TC 真空计）；

（2）测定气体分子对容器壁的压力，分为液柱差压真空计（U 字管流体压力计、麦克劳德真空计）和隔膜真空计；

（3）利用真空中运动的物体所承受的来自气体分子的力测定真空度，分为旋转浮子流速计和水晶式真空计；

（4）计测气体分子数，分为电离真空计（离子真空计）和冷阴极电离真空计（彭宁真空计、磁控管真空计）。

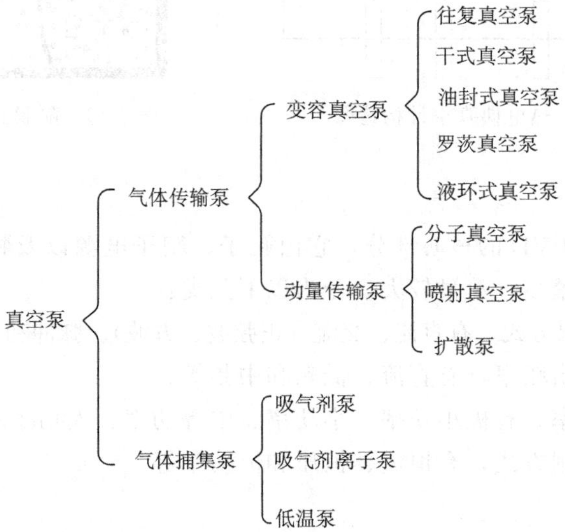

图 5-14　真空泵的分类

热电偶真空计因构造简单价廉，被广泛应用，测定范围为 $10^{-2} \sim 10^{-1}$ Pa。其构造如图 5-15 所示，加热器通电后会发热。压力越高，争夺热量的气体分子越多，传至热电偶的热量就越少。而压力降低后，争夺热量的气体分子少了，就有更多的热量传至热电偶。因此可以根据传导至热电偶的热量测量真空度。

隔膜真空计也叫做薄膜真空计（DG）、电容真空计（CM）。不受测定气体种类的影响，在任何真空状态下都能显示出稳定的真空值，主要用于工艺部的真空测定。测定原理：将真空部与达到一定基准压力的空间用薄膜隔离，真空部的压力变化会引起薄膜的移位，将其移位量换算成真空值显示出来。构造图如图 5-16 所示。

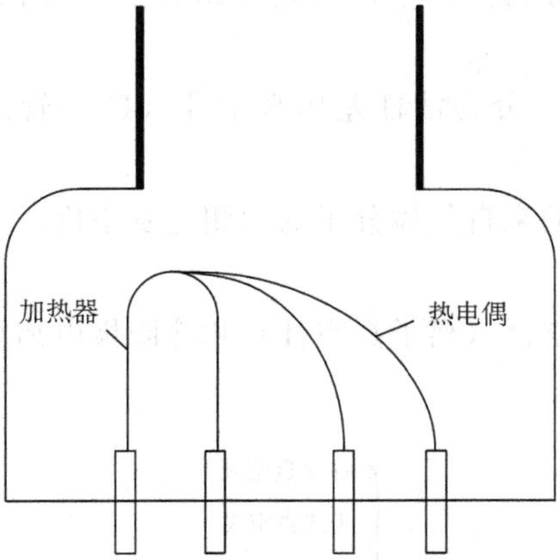

图 5-15 热电偶真空计构造图

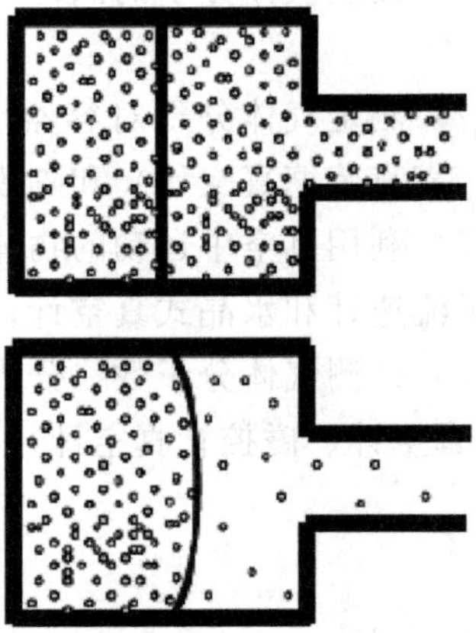
图 5-16 隔膜真空计构造图

2）溅射系统

溅射系统是 PVD 的核心部分，它由靶子、靶子电源以及特殊气体组成。其中靶子电源种类繁多、数量较大，分为以下几类：

（1）按照输出方式，有直流、交流（正弦波、方波）、脉冲和直流叠加脉冲等；

（2）按照输出频率，有直流、低频和中频等；

（3）按照功率，有极小功率、小功率、中等功率、大功率和超大功率等；

（4）按照控制方式，有恒流、恒压和恒功率等。

3）控制系统

控制系统是整个装置的灵魂，控制整个系统的工作，包括软件操作系统、数据采集系统、数据分析系统和执行传输系统等组成。数据收集系统采集片位、流量（水气）、真空压力、电机转速、阀位。软件操作和数据分析系统多数情况下是 PLC。执行传输系统由各继电器、接触器、电磁阀和开关等组成。图 5-17 为某一设备的控制界面图。

4）传动系统

使基片流动起来的系统，从基片进入装置到进行溅射沉积，再到加工完成后传出装置。由传动电机、滚轮和变频器等部分组成。

增加传动系统的原因有：

（1）使镀膜层的厚度均匀分布面大；

（2）便于实现自动化传输。

5）冷却系统

冷却系统主要由靶子循环水、分子泵＋腔室＋泵组及传动电机冷却循环水组成，其主要作用是对真空室、泵、传动、电源等进行冷却。

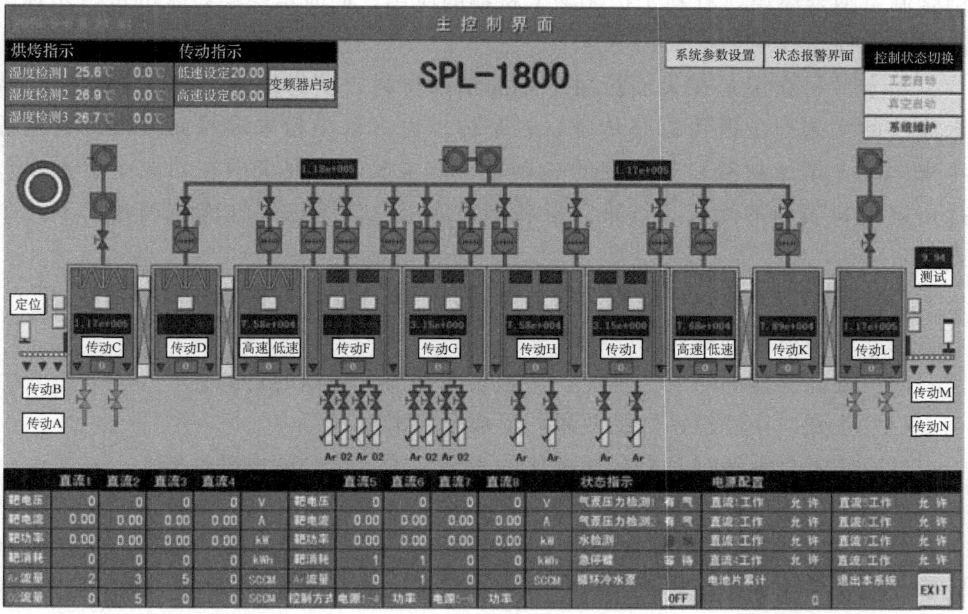

图 5-17　SPL-1800 控制界面

其中冷却水的要求是：

(1) 温度 17～22℃；

(2) 压力 $2\sim3e^{0.05}$ Pa；

(3) 水应该去除磁性颗粒，软化处理，pH＝6～8。

5.3　PVD 的微纳米化

5.3.1　纳米涂层的优点

涂层作为一种对固体表面强化、改性手段，在机械、电子、化工、航空航天等领域获得了广泛的应用。随着科学技术的发展，要求材料在特殊工况下服役，如超高温、超低温、超高压、高真空、强氧化还原或腐蚀环境以及存在辐射、声吸收信号屏蔽、承受点载荷等条件，对传统的涂层提出了更高的要求。

研究表明，材料中某个相的某一几何尺寸（颗粒度、直径、膜厚、晶粒度）为纳米级时，材料的特性往往会发生突变。由于表面效应、小尺寸效应和量子效应的影响，纳米材料在物理性能、力学性能等方面都出现许多不同于宏观物质的特性，表现为高强高韧、高比热、高热膨胀率、高电导率、高导磁性、高吸波性等，成为 21 世纪科技发展前沿的重要研究领域。将纳米材料与表面涂层技术相结合制备纳米涂层，有利于扩大纳米材料的应用，同时给涂层技术的进一步提高提供了条件。

纳米材料涂层是在表面涂层中添加纳米材料，获得纳米复合体系涂层。纳米涂层的实施对象既可以是传统材料基体，也可以是粉末颗粒或纤维。它是近年来国际上纳米材料科学研究的热点之一，主要的研究集中在功能涂层上，包括传统材料表面的涂层、纤维涂层和颗粒涂层。纳米涂层性能体现在以下几个方面：

（1）添加纳米相，可提高涂层的硬度和耐磨性能，并保持较高的韧性；

（2）提高材料的耐高温、抗氧化性；

（3）提高基体的防腐蚀性能，达到表面修饰、装饰的目的；

（4）达到减小摩擦系数的效果，形成自润滑材料；

（5）纳米材料涂层具有广泛变化的光学性能、优异的电磁性能。

根据纳米涂层的组成可将其分为以下几类：

（1）0-0 复合，即不同成分、不同相或不同种类的纳米粒子复合而成的纳米固体，通常采用原位压块、相转变等方法实现，具有纳米非均匀性结构，也称为聚集型。

（2）0-3 复合，即纳米粒子分散在常规三维固体中。另外，介孔固体亦可作为复合母体通过物理或化学方法将纳米粒子填充在介孔中，形成介孔复合的纳米复合材料。

（3）0-2 复合，即把纳米粒子分散到二维的薄膜材料中，它又可分为均匀弥散和非均匀弥散两类，称为纳米复合薄膜材料。

0-0 复合、0-3 复合完全的纳米材料涂层离商业化尚有一段距离。0-2 复合借助于传统的涂层技术，添加纳米材料，可以获得纳米复合体系涂层，使传统涂层的功能得到飞跃提高，技术上无需增加太大的成本，近年来得到迅速发展。

5.3.2 PVD 制备纳米涂层

物理气相沉积纳米涂层的基本方法主要有三种：真空蒸镀、溅射镀和离子镀。真空蒸镀是用电子束加热、激光加热等方式使蒸发源材料蒸发成为粒子（原子或离子），沉积到工件表面形成涂层，涂层气孔相对较多，与基材附着力一般。溅射镀以工件为阳极，靶为阴极，利用氩气电离产生的氩离子的溅射作用将靶材原子击出而沉积在工件表面，涂层气孔较少，与基材结合较好。离子镀是用蒸发、溅射或化学的方法使材料成为原子并被基材周围的等离子体离子化后，在电场作用下以更大的动能飞向基材而形成涂层，这种涂层均匀密致，基本无气孔，与基材结合良好。

Gutarra 采用直流磁控溅射技术制成了氧化钛纳米薄膜。溅射室压力抽至

1.3×10^{-4}Pa，随后充入 Ar、O_2 和 CF_4 后总压力为 1.3Pa（溅射过程中控制它们的注入量）。薄膜的厚度是通过在恒定溅射电压（700V）下改变其溅射条件控制，溅射时基板温度控制在 100～400℃。并在 $LiClO_4$ 和丙烯碳酸中发现了电变色特性。但是膜面受到气体和带电粒子的冲击，膜的性能受等离子体状态的影响很大，溅射条件也不易严格控制，这也是它的最大缺点。

为了进一步提高纳米涂层的质量，通过各种技术相结合，发展和衍生出了各种先进的 PVD 技术。将磁场引入以电场作用为主的溅射技术中，发展了各种磁控溅射技术。为了强化薄膜形成中的化学过程，在蒸发、溅射、离子镀成膜过程中引入活性反应气体，从而涌现出活性反应蒸发技术、活性反应溅射技术与活性反应离子镀技术。此外，还有脉冲激光沉积（PLD）、磁控溅射脉冲激光沉积（MSPLD）、离子化磁控溅射（ionized magnetron sputtering）、分子束外延（MBE）、迁移增长等新的制膜技术。

可以看出，随着科学技术的发展，CVD 和 PVD 的界限已不分明，两者相互渗透，从而使这两种涂层制备技术更加完善。

5.3.3　纳米涂层未来需要解决的问题

纳米涂层的研究时间还不长，许多问题还有待深入研究和探讨。

问题一：涂层厚度及界面结合问题。传统涂层的参考厚度大致为单面 2～6μm，纳米涂层则不同，它要求材料颗粒必须是纳米级的，要求涂层能够与基体密实地结合，共同起到结构和功能作用。

问题二：热喷涂纳米结构颗粒原料的制备。对于涂层技术，制约热喷涂纳米涂层技术发展的障碍是纳米粉末不能直接用于热喷涂，需经造粒技术将纳米颗粒重新形成微米级颗粒（即喂料），才能用热喷涂技术喷涂到基体上。美国是把纳米形成微米以后，利用大气等离子喷涂技术制得氧化锆纳米涂层，显微结构和物相组成测定发现，基体与涂层二者结合得很好。若采用先进的封闭场不平衡磁溅射法，工序很多，而直接对纳米陶瓷涂料进行热喷涂，则难以保证纳米陶瓷微粒的稳定分散，故必须研究纳米陶瓷料浆稳定分散的机制及调控措施。

问题三：工序多、成本高。如美国 Rutgers 大学和海军研究室利用金属与陶瓷所共同开发的纳米 WC/Co 涂层材料和涂层技术，以及上述特别的涂层方法，同样存在着工序复杂、成本高的问题。

纳米涂层及其制备技术正随着纳米材料的发展而发展。在纳米材料的制备技术不断取得进展和基础理论研究日益深入的基础上，纳米功能涂层将会有更快、更全面的发展，制备方法也将不断创新和完善，其应用将遍及多个领域，并将迅速形成相关的庞大产品群和企业群，不仅在高科技领域有不可替代的作用，也能为传统产业带来生机和活力。

第 6 章　PVD 涂层的质量控制

6.1　PVD 涂层的外观检验

涂层外观影响涂层工件的销售，光亮、完整、美观的涂层外观给人一种视觉上好的印象，如图 6-1 所示。功能区域的外观缺陷不仅影响涂层外观，同样影响涂层的寿命。涂层的外观缺陷主要是剥落和色差。

6.1.1　剥落

这是由涂层工艺过程特点决定的。上一次涂层过程中沉积在炉壁、卡具上的旧涂层会不断崩裂并且有些碎片覆着到工件上。新涂层覆盖其上而不是与基体结合，这样，在冷却或后续过程中，旧涂层带着新涂层一起脱落。涂层脱落的严重性与脱落点的位置和大小有关。涂层脱落可以通过显微放大镜检查。图 6-2 所示为典型的非常明显的涂层脱落。

图 6-1　TiN 涂层外观光亮

图 6-2　TiN 涂层局部脱落

6.1.2　色差

色差指的是同一种涂层的颜色差别，主要有两种情况：一种是同一炉次中不同位置工件的涂层颜色差别；另一种是不同炉次之间的涂层颜色差别。色差的产生与基体材料、炉内反应气体分布、靶材重量以及真空度不同等有关。一般情况下，轻微的色差并不影响涂层的使用性能。可用成分分析仪器分析不同颜色的涂层成分之间的差异，对色差程度对涂层性能的影响严重性进行判断。在实际生产中不是大的色差不会影响产品的性能，所以关注并不大。如果色差非常明显，肉眼就能明显地看出来，这时就要引起重视，查找原因。

6.2　涂层厚度与检测

6.2.1　涂层厚度的定义

涂层厚度是指涂层的外表面到涂层下基体表面的距离，一般在 0～15μm，其检测方法有很多种，下面介绍目前应用比较普遍的几种方法：断面法、球痕法和无损检测法。

6.2.2　PVD 涂层的厚度检验

1. 断面法

断面法是一种破坏性检测方法，被检测的工件极可能不能再使用。它将要检测工件或试样沿涂层截面切断，在显微镜下放大 1000～10000 倍进行测量，放大倍数越大，人为因素影响越小，精度越高。涂层和基体的界限非常明显，通过扫描电镜中的标尺进行测量比较方便。标尺起始点和终点的距离就是涂层的厚度。测量准确与否就是正确判断涂层与基体的界限，否则就会带来误差。如果涂层与基体的结合处比较模糊，最好不要用该种测量方法。从总体上看，这种测量方法比较直观、精确。另外，这种方法测量时观察面是截面，最好比较平整，否则要进行人工处理，让截面平齐便于观察测量。图 6-3 显示了不同放大倍数的涂层厚度检测情况。

也可以使用油镜观察涂层断面进行测量。将被切断样件置于塑料粉末中进行压制、烧结成块状试样，然后研磨被测表面，将被测表面研磨平整。测量时在物镜与被测表面间滴入测量油抽空空气以减少干扰。

2. 球痕法

球痕法是用一定直径的钢球在涂层表面上研磨，将涂层和基体磨出一个凹坑，球磨仪器如图 6-4 所示，其断面为一圆弧形，如图 6-5 所示。研磨的操作要求与测量涂层结合力的球痕测试法的研磨操作要求相同。球磨后在显微镜下通过成像系统（见图 6-6）观察，在显示器下观察到的图像如图 6-7 所示。

球痕法检测对工件外观会产生一定损坏，如果检测点不在功能区，通常不会影响其再使用。但是为避免错误的发生，在用该法检测前，要与工件所有者讨论并征得其同意方可进行检测。

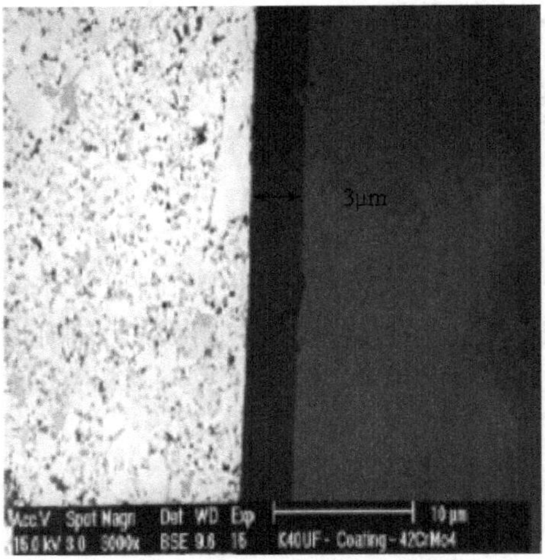

图 6-3　断面法 SEM 电镜检测涂层厚度

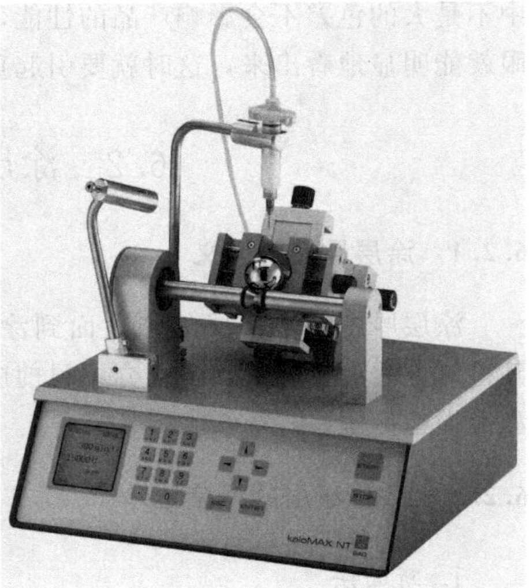

图 6-4　球磨仪

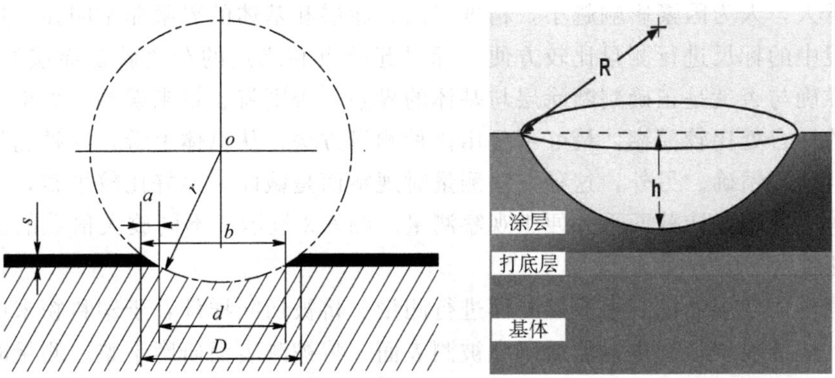

(a) 涂层计算厚度原理图　　(b) 彩色示意图

图 6-5　球面凹坑断面图

s 为涂层厚度

依据图 6-5 可推导出涂层厚度的计算公式：

$$s=\left|\sqrt{r^2-\left(\frac{d}{2}\right)^2}-\sqrt{r^2-\left(\frac{D}{2}\right)^2}\right| \tag{6-1}$$

当 $r=10\text{mm}$ 时，$r \gg d$，$r \gg D$，该公式可近似为

$$s=\frac{D^2-d^2}{80000} \tag{6-2}$$

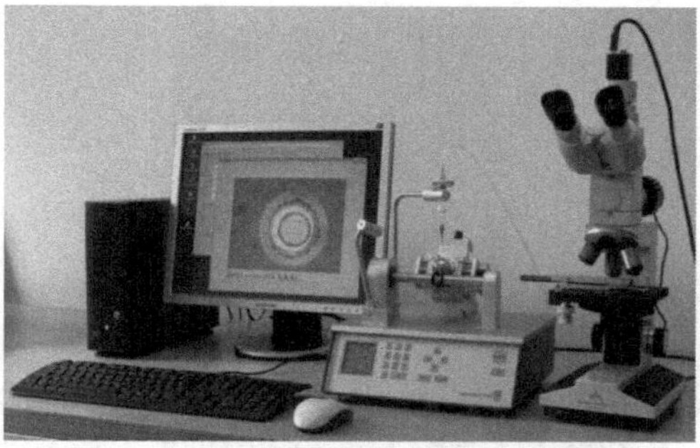

图 6-6　通过显微镜观察的成像系统

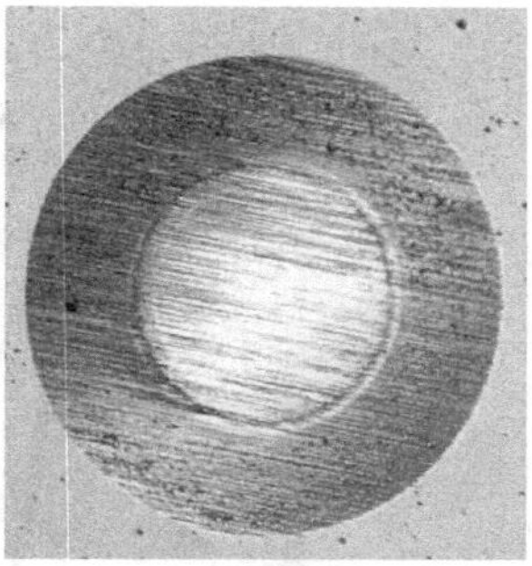

图 6-7　显微镜下球磨凹坑图像

3. 无损检测法

无损检测法就是在不破坏工件的前提下检测工件上的涂层厚度。无损检测方法有多种，一般情况下，无损检测法需要提供基体和涂层的构成成分，或提供涂层样块来分析制作基准数据，在检测时，将被测件和涂层的构成成分与基准样块的构成成分进行比对来推断出涂层的理论厚度，这样，对于不同的基材和涂层都要进行成分分析、制作测量程序，然后才可以进行实际的测量。当然，有些仪器可以不制作样块而直接测量，但误差大。本节主要介绍 X 射线荧光法（X-Ray Fluorescence，XRF）。

XRF 仪器主要由 X 射线激发源与探测系统组成。X 射线管产生 X 射线（一放射线或基础射线），撞击被测工件，被测工件中的每一种元素受到激发放射出二次 X 射线，并且不同的元素所放射出的二次射线具有特定的能量特征（也就是说，依据二次射线的能量特征可以获知元素的种类和含量）。探测系统测量这些被激发放射的二次射线的能量及数量，探测系统软件将检测到的能量及数量信息转换成相应的元素及含量，这样被测工件中的元素种类及其含量就被检测出来了。利用 X 射线荧光原理，理论上可以测量元素周期表的每一种元素。但在实际应用中，有效的元素测量范围为 11 号元素钠（Na）～92 号元素铀（U）。

依据以上原理，测量样件上涂层厚度时，XRF 分别分析出基体和涂层的元素组成。一般情况下，涂层的元素构成与基体的元素构成有很大差别，据此，计算软件可以计算出涂层的厚度。如果事先分别检测出各种基体和涂层的元素构成并存储在计算机数据库中作为标准，当 XRF 检测时，将检测出的元素构成与标准相比对找到对应的基体和涂层种类，判断涂层与基体的分界面，从而可以更准确地测出涂层的厚度。图 6-8 所示为 XRF 仪器图。

图 6-8　德国 FISFER X 射线无损测厚仪

6.3　PVD 涂层的结合力检验

涂层结合力是指涂层与被涂层基体表面的相互黏附能力，也就是将涂层从基体上剥离的难易程度。越难剥离，涂层结合力越好。一般情况下，如果涂层与基体的界限不明显，则表明涂层的结合力非常好，图 6-9 所示为扫描电镜下观察到的涂层基体界面图像，从图中可以看出，涂层基体界面模糊，实测也证明涂层的结合力非常好。

(a) TiN涂层　　(b) TiAlN涂层（TiN涂层打底）

图 6-9　SEM 下观察到的涂层基体照片

涂层结合力的检测方法有弯曲测试法、画线画格后急热急冷热循环测试法、黏接剥离测试法、黏接拉伸测试法、划痕测试法、压痕测试法、球痕测试法。对于 PVD 涂层，使用比较多的通常是后三种方法，下面进行介绍。

6.3.1　划痕测试法

用一个加有金刚石圆球状的针头在涂层表面按一定速度连续划行，同时在针头上逐渐增加载荷，涂层被完全划穿那一刻所加载的载荷就是涂层的结合力。

涂层在被划穿的那一瞬间，会发出不同的“声音”，当然这个声音很小，人的听觉很难准确感觉到。为了提高测量精度，在被测件和针头之间安装能接收微弱声音的传感器，然后将信号放大。通过此传感器，可以将针头在整个划行过程中的声音记录下来，并自动画出所加载荷、声音信号强度曲线。曲线上出现的第一个声谱峰值所对应的载荷，就是该涂层对基体的结合力临界值。图 6-10 所示为某公司生产的 TiAlN 涂层的结合力试验曲线图，该涂层的结合强度为 50N。

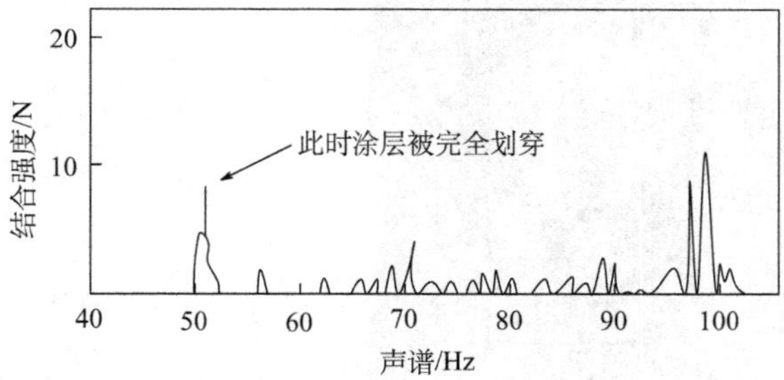

图 6-10　某公司 TiAlN 涂层结合强度测试曲线

6.3.2　压痕测试法

压痕测试法在洛氏硬度计上进行，对于不同材料的基体，采用不同的测试方法。对于钢基体，采用 HRC 方法，其测试加压载荷为 150kgf*；对于硬度高的基体，如硬质合金等，采用 HRA 方法，其测试加压载荷为 60kgf。

如图 6-11 所示，试时将洛氏硬度计的圆锥形压头（圆锥夹角为 120°，尖顶半径为 0.2mm），在一定测试压力下压入被测涂层表面，保持一定时间（硬度计程序自动设定，约为 6s）后卸除压力，压头会在试样表面压出一圆锥形凹陷（压痕），从正面观察，压痕为一圆形。图 6-12 所示为洛氏硬度（150kgf）测试后留下的金刚石压头痕迹。

---

* 1kgf=9.8065N。

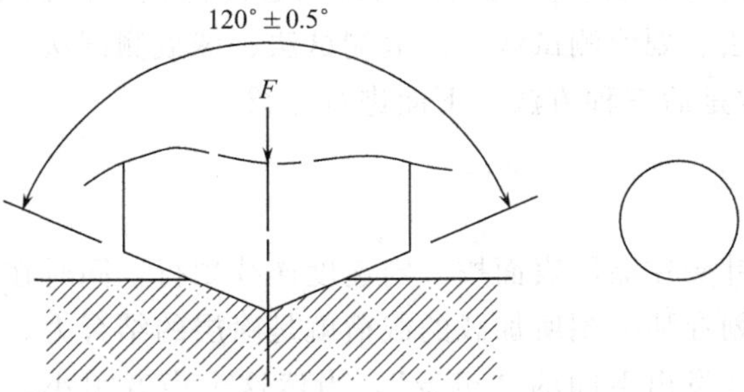

图 6-11　洛氏硬度圆锥体金刚石压头和压痕

图 6-12　显微镜下金刚石压痕（HRC150kgf）

洛氏硬度计量有 15 种标尺，分别使用不同软硬的材料，标尺由所用压头和试验力大小两个因素决定，洛氏硬度计外形如图 6-13 所示。

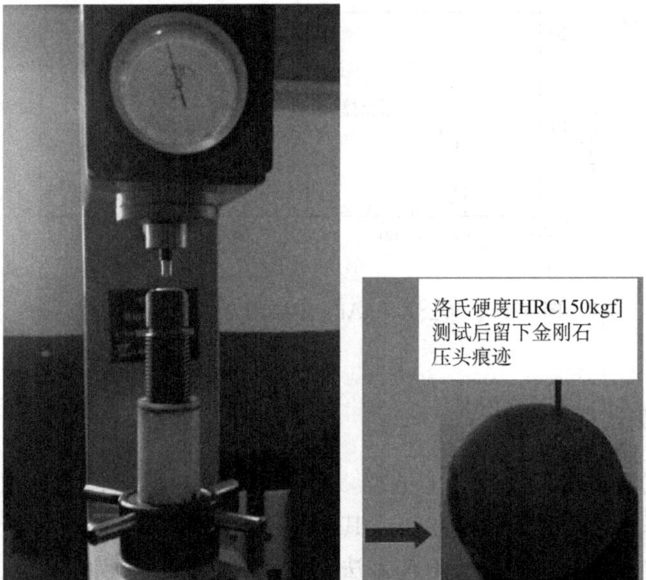

图 6-13　洛氏硬度计外形及压痕外观

工件或试验片（随涂层工件在同一炉次涂层）经过洛氏硬度计测量后，表面达到图 6-12 所示图片状态，然后放在投影仪下检查涂层黏结度，如图 6-14 所示。图 6-15 为压痕边缘裂纹判定参考图，编号 HF0～HF6 依次由好到差。通过图 6-12 得到金刚石在涂层基体上压痕图片，然后在图 6-14 所示投影仪下放大观察痕迹边缘的涂层状况，最后与图 6-15 的裂纹判定标准进行参照比对，从而确定涂层结合力的等级（HF0～HF6）。这种涂层结合力测量方法目前在生产企业使用比较多。

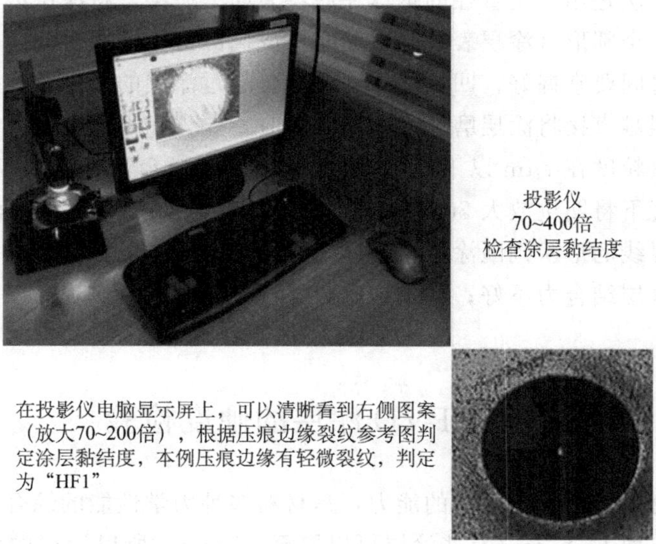

图 6-14　实际测试仪器和凹坑图片

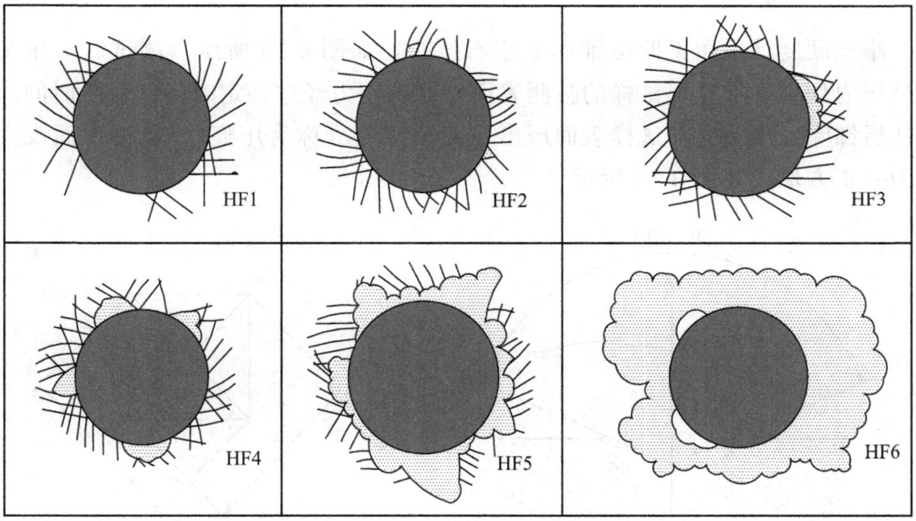

图 6-15　压痕边缘裂纹判定参考图

6.3.3　球痕测试法

球痕测试法是用一定直径的钢球在涂层表面上研磨，将涂层磨穿，在涂层和基体上留下一个圆形（涂层表面为平面时）或椭圆形（涂层表面为圆柱面时）凹坑。研磨的时间要掌握好，凹坑的深度一定要超过涂层的厚度。另外，由于涂层很硬，钢球很难直接将涂层磨穿，所以研磨时，要先在钢球上研磨区域涂上些许金钢石粉末（粒度在 7μm 以下），并喷上酒精以稀释金铜石粉末和研磨时润滑。在显微放大镜下将凹坑放大 50～100 倍，会看见涂层与基体之间有一条分界线，观察这条分界线的形状判断涂层与基体之间结合力的状况。如果这条界线非常清晰整齐，则涂层结合力不好；如果这条分界线犬齿交错或出现断层，则涂层结合力好。

6.4　PVD 涂层的硬度检验

硬度是材料抵抗异物压入的能力，是材料多种力学性能的综合表现。涂层的厚度一般为单面 1～8μm（有些涂层可以厚至 15μm），所以涂层的硬度应采用显微硬度计测量。显微硬度有两种测试方法：维氏硬度和努氏硬度。

6.4.1　维氏硬度

维氏硬度计采用正四棱锥体金刚石压头，如图 6-16 所示。测试时，压头在测试压力作用下被压入试样的被测表面，测试压力经过一定时间（保荷时间）的保持后卸除，压头会在试样表面压出一棱形凹陷（称为压痕），通过正面观察压痕为一正方形，如图 6-17 所示。

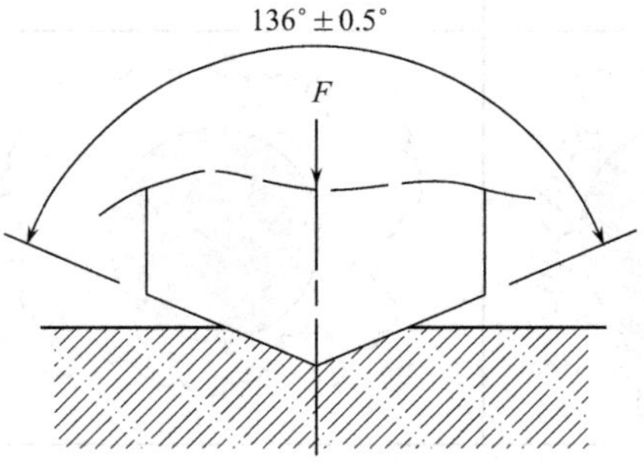

图 6-16　正四棱锥体金刚石压头

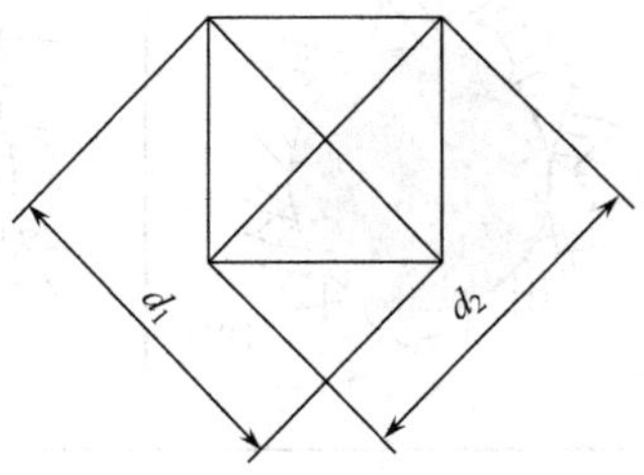

图 6-17　维氏硬度压痕

通过测量压痕的对角线长 d_1 和 d_2 可以计算出压痕的表面积，测试压力与压痕的表面积相除得到的商就是维氏硬度值。经数学推导得出维氏硬度计算公

式为

$$HV = 常数 \times 测试压力 / 压痕表面积 \approx 0.1891 \times F/d^2 \quad (6\text{-}3)$$

式中，HV 为维氏硬度符号；F 为测试压力，N（1kgf＝9.8065N）；d 为压痕对角线 d_1、d_2 的算术平均值，mm。

如果压力的单位改成公斤力，则可以得到

$$HV = 常数 \times 测试压力 / 压痕表面积 \approx 1854.4 \times P/d^2 \quad (6\text{-}4)$$

式中，HV 为维氏硬度符号；P 为测试压力，kgf；d 为压痕对角线 d_1、d_2 的算术平均值，μm。

（注：实用中是根据对角线长度 d 通过查表得到维氏硬度值）。

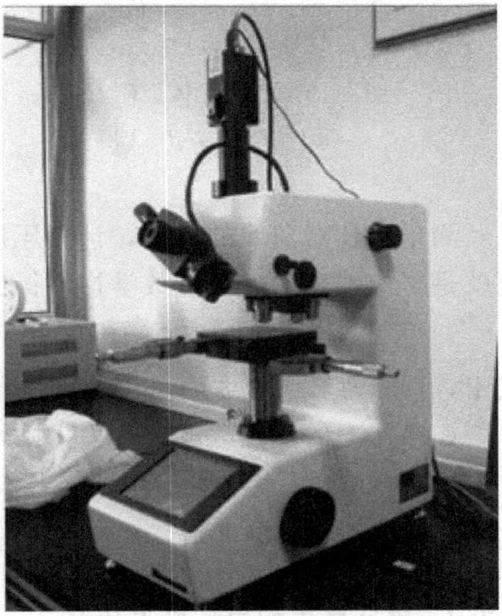

图 6-18 纳米涂层硬度计

由于涂层很薄，如果选择的测试压力太大，压痕的深度会超过涂层的厚度，得出的硬度值是涂层和基材的平均值，测出的硬度低于涂层的实际硬度。所以必须依据涂层的厚度选择合适的测试压力，使涂层的厚度能大于压痕深度的 10 倍以上，测试效果就比较理想。图 6-18 所示为一种测量涂层硬度的纳米涂层硬度计。表 6-1 列出了不同 TiN 涂层厚度的最大维氏硬度许用测试压力。

表 6-1 TiN 涂层厚度与维氏硬度最大许用测试压力

涂层厚度/mm	1	2	3	4	5
需用测试压力/N	0.039	0.137	0.294	0.500	0.755
需用测试压力/gf	4	14	30	51	77

6.4.2 努氏硬度

努氏硬度计的原理与维氏硬度计基本相同，它采用四菱形锥体金刚石压头，压头的形状、夹角与维氏硬度计所用的不同，如图 6-19 所示。在测试压力作用下，压头被压入试样的被测表面，保持一定时间（保荷时间）后卸除测试压力，压头会在试样表面压出一棱形凹陷（压痕），从正面观察压痕为一菱形，如图 6-20 所示。

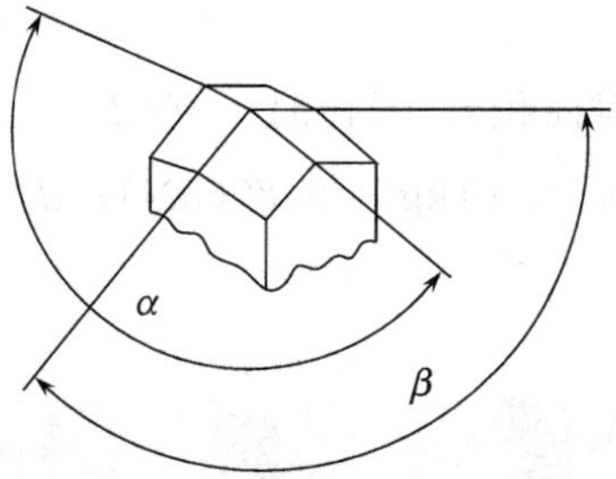

图 6-19 四棱锥体金刚石压头
($\alpha=172.5°$，$\beta=130°$)

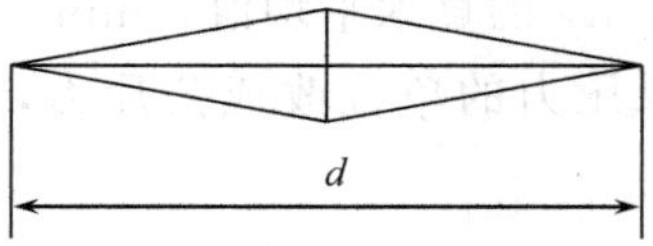

图 6-20 压痕

测量出长对角线的长度，计算压痕投影面积，测试压力除以压痕投影面积的商就是努氏硬度值。经过数学推导得出努氏硬度值计算公式为

$$HK=0.102\times 测试压力/压痕投影面积=1.451\times F/d^2 \qquad (6\text{-}5)$$

式中，HK 为努氏硬度值；F 为测试压力，N；d 为压痕对角线长度，mm。

如果压力的单位改成公斤力，则可以得到

$$HK=0.102\times 测试压力/压痕投影面积=14229\times P/d^2 \qquad (6\text{-}6)$$

式中，HK 为努氏硬度值；P 为测试压力，kgf；d 为压痕对角线长度，μm。

6.4.3 维氏硬度与努氏硬度比较

在同一试样上分别用维氏硬度压头和努氏硬度压头在相同的载荷下进行硬度

表 6-2 洛氏硬度、维氏硬度、努氏硬度对照表

洛氏硬度(HRC)	维氏硬度(HV)	努氏硬度(HK)	洛氏硬度(HRC)	维氏硬度(HV)	努氏硬度(HK)	洛氏硬度(HRC)	维氏硬度(HV)	努氏硬度(HK)
30.0	302	311	43.0	423	438	56.0	613	650
31.0	310	318	44.0	434	452	57.0	633	670
32.0	318	326	45.0	446	466	58.0	653	690
33.0	327	334	46.0	458	480	59.0	674	710
34.0	336	342	47.0	471	495	60.0	697	732
35.0	345	351	48.0	484	510	61.0	720	754
36.0	354	360	49.0	498	526	62.0	746	776
37.0	363	370	50.0	513	542	63.0	772	799
38.0	372	380	51.0	528	558	64.0	800	822
39.0	382	391	52.0	544	576	65.0	832	846
40.0	392	402	53.0	560	594	66.0	865	870
41.0	402	414	54.0	577	612	67.0	900	895
42.0	412	426	55.0	595	630	68.0	940	920

测试，努氏硬度的压痕长对角线长度是维氏硬度的对角线长度的 2.8 倍，努氏硬度的压痕深度是维氏硬度的 65%，涂层不易被压破，所以努氏硬度压头测量薄涂层更适合。

显微硬度的压痕一般在 500 倍的显微镜下观察，但由于压痕太小，压痕对角线的测量精度小。硬度越高，误差越大。为了提高测量精度，先进的显微硬度计配备一套计算机半自动控制系统，可以自动加载，将压痕放大显示在显示屏上。压痕被放大 1600 倍，测量精度大大提高。洛氏硬度、维氏硬度、努氏硬度三者的比较，如表 6-2 所示。

6.5　PVD 涂层的内应力与测量

6.5.1　应力简介

物体由于外因（受力、湿度变化等）而变形时，在物体内各部分之间产生相互作用的内力，以抵抗这种外因的作用，并力图使物体从变形后的位置回复到变形前的位置。在所考察的截面某一点单位面积上的内力称为应力。同截面垂直的称为正应力或法向应力，同截面相切的称为剪应力或切应力。应力会随着外力的增加而增长，对于某一种材料，应力的增长是有限度的，超过这一限度，材料就要破坏。对某种材料来说，应力可能达到的这个限度称为该种材料的极限应力。极限应力值要通过材料的力学试验来测定。将测定的极限应力作适当降低，规定出材料能安全工作的应力最大值，这就是许用应力。材料要想安全使用，在使用时其内的应力应低于它的极限应力，否则材料就会在使用时发生破坏。

在应力中有一种称为内应力，即当没有外力作用时，物体内部所存在的应力就是内应力。PVD 涂层中存在内应力（见 4.3.3 涂层内应力）。内应力的危害非常大，所以在生产中应当掌握内应力的大小及其程度。PVD 涂层的主要用途是作为耐磨防护涂层，这要求具有一定的厚度和使用寿命，但是涂层中的内应力限制了涂层的厚度。如果由于内应力而产生的单位体积的弹性能超过单位面积的断裂能，则涂层脱落，因此沉积涂层的厚度受到了限制。一般情况下，涂层的内应力、弹性模量和硬度彼此成正比。所以，生产过程中要通过物理气相沉积工艺条件控制涂层的应力特别是内应力，涂层后要检测涂层的内应力，使其在可接受范围之内。

6.5.2　应力测试方法

应力测试方法主要包括 X 射线和电子衍射法、试样变形分析法和光干涉法。

1. X射线和电子衍射法

当涂层处于应力状态下，其晶格会产生畸变，从而使晶格常数发生变化，所以用X射线和电子衍射方法测出晶格常数的衍射谱线宽度的变化，可以按一定公式计算出涂层的应力。

2. 试样变形分析法

将很薄的平直长方形玻璃片的一端固定在涂层设备的真空室内，然后在薄片的一个表面上涂层，涂层应力会使薄片的自由端产生变形，用长焦测量显微镜测出薄片自由端的位移量，再根据材料力学公式计算出涂层的应力。

3. 光干涉法

利用光干涉法测量涂层应力是先在干涉仪上测量出标准平板与未涂层基片之间形成的干涉条纹，然后在基片上涂层，由于涂层应力的作用，基片表面产生变形，再在干涉仪上测量出标准平板与已涂层基片之间形成的干涉条纹，依据干涉条纹的变化量，用材料力学公式计算出涂层应力。

6.6 PVD涂层的微观特性评价与检测

无论对研究还是对制作，为了实现薄膜材料的特殊性能，需要检测评价与这些性能相关的特性。评价表征薄膜材料的目的有：①在检测评价结果的指导下，通过改变工艺条件，调整薄膜的组织、成分、结构等，实现所要求的功能。②寻找最佳工艺条件，获得性能的良好稳定性。③为设备定型及工艺条件的确定提供依据。④发现新结构，开发新功能。表6-3给出了薄膜材料评价表征的项目及相关内容。

表6-3　薄膜材料评价表征的项目及内容

评价表征项目	评价表征内容
成分（构成元素）	构成薄膜材料的主要元素及其比例，特意掺入的微量元素及杂质等，元素在膜表面的分布及在膜厚方向的分布等
表面状态	气体吸附状态，化学结合状态，与基体的界面状态
组织、形态	单体，合金，化合物，混合物，相状态
晶体结构与缺陷	晶体学取向，晶粒尺寸，结晶状态，晶体缺陷，点缺陷、线缺陷、面缺陷、体缺陷
结晶性	晶态、非晶态、单晶、多晶、超点阵等，各向同性多晶体、择优取向、纤维构造
膜层结构及组织	单层、多层、超晶格、梯度组织及结构，几何学形貌：柱状晶、树枝状晶、分散状态、表面粗糙度

需要指出的是，表 6-3 中的“评价表征”，一般并不是直接测定薄膜的功能特性，而仅限于检测评价组成薄膜的材料构成状态，但是为了全方位地掌握薄膜的特点，有时也要兼顾与功能相关的薄膜特性。例如，在评价表征膜层外形、表面粗糙度的同时，也要兼顾膜层的摩擦、磨损特性等。

涂层的微观特性是涂层的性能基础，决定了涂层的内在质量。涂层的微区特性主要包括成分、晶体结构、组织形貌等，研究测量这些特性对于涂层的应用具有重要的意义。

6.6.1　涂层成分

涂层成分指的是涂层的纯度、化合物中的不同元素比例、化合物中各元素的能态，化学组成成分和相组成的微观分布及多层涂层的界面和层间的成分分布等。薄膜成分分析的方法有很多种，包括 X 射线电子能谱（XPS）、二次离子质谱（SIMS）、卢瑟福背散射（RBS）和电子探针（EPMA）等。现在使用比较多的就是电子探针测成分，其原理是用高速运动的电子直接轰击被分析的表面，当高速电子轰击到原子的内层，激发出各种样品元素的特征 X 射线，经分光后根据特种 X 射线的波长及其强度作定性和定量分析。由于该方法用于激发特种 X 射线的电子束被汇聚成很细的束，宛如针状，故俗称电子探针分析。电子探针常与 SEM 结合，即在获得高分辨图像的同时，进行微区成分分析。

6.6.2　晶体结构

不同工艺条件下单层膜中原子的排列规律、合金及多相结构组织中不同相的原子排列规律、多层膜间及膜-基间的结构特点各不相同，对晶体的结构及其力学、热学性能影响很大。不同类型的涂层热学特征与其晶体结构类型有关，用不同工艺方法得到的涂层的耐热性、耐磨性亦存在明显差别。所以研究涂层的晶体结构及其影响因素对于研发新的稳定、耐热、抗磨涂层至关重要。例如，用不同沉积工艺方法得到的 TiN 晶体的热相变特性差异很大：①由电弧发生等离子体 PVD 法（简称 C_1 工艺）沉积的 TiN 涂层试样结果分析表明，在室温时，TiN 薄膜为（1 1 1）、（2 2 0）双重择优取向晶体；当温度升至 200℃时，TiN 晶体的（1 1 1）晶面衍射峰强度没有变化，而（2 2 0）晶面衍射峰强度增大，在低角度（$2\theta=26°$左右）处出现宽波峰；温升至 400℃时，TiN 晶体的（1 1 1）晶面衍射峰完全消失，而（2 2 0）晶面衍射峰强度不变，低角度处的宽波峰强度增大；温升至 800℃时，TiN 晶体的衍射峰完全消失，而低角度处的宽波峰强度亦越来越弱。由金属学理论可知，由 C_1 工艺沉积的 TiN 晶体属有序固溶体结构。由高温 X 射线衍射理论可知，有序固溶体 TiN 的有序度转变临界温度低于 600℃，因此这种晶体结构的 TiN 高温特性较差。在室温时，TiN 晶体结构属长程有序固溶体结构，随着温度的升高，TiN 晶体的长程有序度逐渐降低，并转变为短程有序固溶体。在 400℃时，TiN 的（1 1 1）晶面衍射峰消失，600℃时，其长程有序度为零，即转变为完全无序。当长程有序度逐渐下降时，对低角度处出现的宽波峰可认为是 TiN 薄膜由晶体逐渐转变为非晶体物质。切削磨损试验表明，这种非晶态物质的耐磨性较差，这种有序固溶体结构的 TiN 涂层薄膜的耐磨性并不理想。②用等离子枪发射电子束离子镀（简称 C_2 工艺）沉积的 TiN 涂层试样的高温衍射试验结果分析表明，室温时，TiN 晶体具有明显的（1 1 1）晶面择优取向，随着温度升高，涂层表面原子热振动加剧，600℃时 TiN 表面脱 N 而形成 Ti_2N+N；当温度达到 960℃时，Ti_2N 再次脱 N 而形成 Ti＋N；TiN 的始氧化温度为 800℃，氧化物为 TiO（R）、γ-$FeTiO_2$、ε-FeTiO 和 TiO 等。上述分析表明，用 C_2 工艺沉积的 TiN 晶体是间隙相化合物，其晶体结构比较稳定。切削试验也表明，具有间隙相晶体结构的 TiN 涂层刀具的耐热性、耐磨性均优于有序固溶体结构的 TiN 涂层刀具。间隙相化合物 TiN 的晶体结构稳定，高温特性优良，有利于提高 TiN 涂层高速钢刀具的工作寿命。

6.6.3　组织形貌

涂层的组织形貌指的是涂层的表面形貌、断口形貌、多层膜间及膜-基间的组织形貌特征。

测定涂层的这些微观特性. 必须采用现代分析检测技术。在现代分析检测技术中，虽然涉及的仪器种类很多，但是大多数都是采用高能粒子束如电子束、离子束、光子束和电磁波轰击被测件表面，产生与表面形貌、组成成分、原子排列、化学能级等有关的信息，经过收集和处理达到分析检测的目的。这些信息都来源于涂层的微观特性，一般称为涂层的未观检测。检测设备都是高精密的分析仪器。图 6-21 所示为在扫描电子显微镜（SEM）下观察硬质合金基体上 Alcorna 涂层的剖面微观结构。可以清楚地看到厚度为 3～4μm，呈连续结构的单层涂层

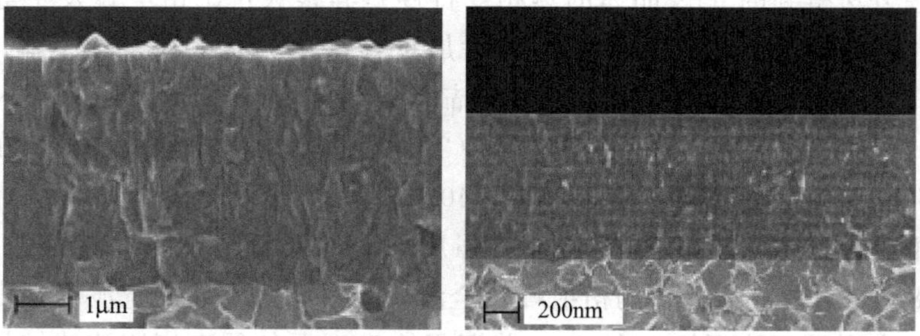

(a) Alcorna单层涂层　　(b) Helica多层涂层

图 6-21　涂层的 SEM 图像

（图 6-21（a）），而在 Helica 涂层的 SEM 图像中（图 6-21（b）），多层涂层结构清晰可辨，Helica 多层涂层的总厚度约为 4μm。

6.7　涂层的耐磨性测试

磨损是致使 PVD 涂层破坏、失效的主要形式之一，评价涂层薄膜耐磨性的优劣对于控制涂层产品的质量至关重要，因此在研发和应用涂层技术方面占有举足轻重的地位。涂层耐磨性系指涂层表面抵抗某种机械作用的能力，通常采用砂轮研磨或砂粒冲击的试验方式测定，它是使用过程中经常受到机械磨损的涂层的重要特征之一，而且与涂层的硬度、附着力、柔韧性等其他物理性能密切相关。

工业发达国家对于不同材料均有相应的磨损试验方法，如日本工业标准 JISH8503 规定了有关金属镀膜耐磨性试验方法；JISH8615 叙述了铬电镀层的耐磨性试验。我国目前还没有 PVD 涂层的耐磨性试验标准，所以只能借用类似的标准进行测试。建议参照国际标准 ISO8251—87 和日本标准 JISH8682 进行 PVD 涂层的耐磨性评价。这两个标准中都规定了用摩擦轮磨耗试验机测定铝和铝合金阳极氧化膜的耐磨性。测试 PVD 涂层时，只是把待测试的标准试样上的涂层换成 PVD 涂层即可。这种试验方法是在规定的试验条件下，使涂镀层与胶接在摩擦轮外缘上的研磨砂纸作平面往复运动，每双行程后摩擦轮转动一小角度（0.9°），经规定的若干次研磨后，以涂层厚度或涂层质量的减少，并通过计算其磨损阻力评价涂层的耐磨性。由于该方法的试验条件易于控制，而无其他方法所存在的如磨轮修整、老化，砂流速率、砂束形状等较难控制的问题，因此试验结果的重复性较好。表 6-4 给出了一种国产典型耐磨性试验仪器的主要技术特征，图 6-22 所示为一种简单的磨损试验测量机。

表 6-4　国产涂层耐磨性试验仪及其主要技术特征

型号名称	功能用途	执行技术标准	主要技术参数	结构特点	制造商
PMJ-1 型 平面磨耗试验机	测定各种涂层、电镀层、铝合金阳极氧化膜及金属材料的耐磨性	ISO8251—87 JISH8682	试样台行程：30mm； 摩擦轮步进角：0.9°/行程； 研磨砂纸规格：（12×158）mm； 荷重精度：400±8gf； 重复测量误差：≤15%	主机由试样安装台、摩擦轮、加载机构和计数器四部件构成；试样安装台采用了曲柄滑块机构，加载机构采取了垂直流动导轨设计	沈阳仪表工艺研究所

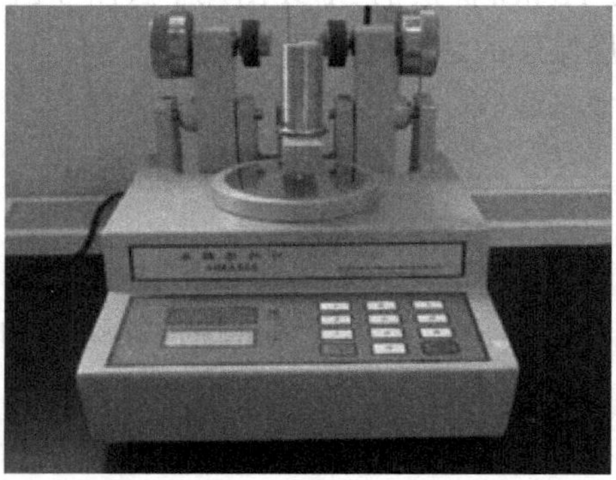

图 6-22　磨损试验测量机

6.8　涂层的耐蚀性测试

PVD 涂层很多情况下是用在腐蚀环境中，有时是接触腐蚀材料和介质，有时在腐蚀的大气环境中工作。如很多塑料模具接触的酸性塑料都具有很强的腐蚀性（如 PVC，即聚氯乙烯），如果汽车零部件涂层后在沿海或者热带地区工作腐蚀性也比较厉害。因为无处不在的腐蚀可能性，所以研究、开发以及应用涂层必须考虑其工作环境，要是存在腐蚀的可能性必须做腐蚀试验。

耐蚀性检测最常用的就是盐雾试验，图 6-23 所示为一种通用的盐雾试验箱。盐雾试验箱是采用盐雾腐蚀的方式检测被测样品的可靠性，盐雾是指大气中由含盐微小液滴所构成的弥散系统，是人工环境三防系列中的一种，很多企业产品需模拟海洋周边气候对产品造成的破坏性，所以盐雾试验箱应运而行。盐雾试验箱分中性盐雾和酸性盐雾两种，其区别在于符合的标准与试验方法不同，又名 NSS 和 CASS 试验，是人工三防气候中最常见的一种测试方法。如果做盐雾试验，需要按照有关的国家标准（GB/T2423.17—2008）。

PVD 涂层的腐蚀试验不是强制性的国家标准，只是为了定性地掌握涂层的耐腐蚀情况，所以很多情况下并不一定进行盐雾试验，可以因地制宜根据现有的腐蚀情况进行测试。如某文献为了研究复合涂层（TiN＋（Ti，Cr）N＋Ti）的耐腐蚀性，采用电化学方法进行测试。磨损、腐蚀实验在 0.1mol/L 的氯化钠溶液中进行，用 Ag/AgCl 做参比电极，用铂丝做辅助电极。将 EG&G PAR 273A 电位仪和 1250Hz 变频分析仪连接起来用于数据采集。使用一个装有溶液和传送轴的 PMMA 盒子、传送轴和摩擦片及马达相连。另外，一支可移动棒支撑着样品，整个系统施加载荷在摩擦片上。样品的位置是可调整的，以获得最佳的实验

图 6-23 涂层耐蚀性测试用的盐雾实验箱

条件。被测样品要装在聚酯树脂里，只露出试验部分，而边缘要密封，以避免裂缝腐蚀问题。通电用的导线也要放到树脂中，铜焊在样品的背面。磨损-腐蚀试验是盘-块形式的，摩擦片的旋转速度为 40rpm，载荷是 0.08～0.15kgf。摩擦片是 43mm 的氧化铝盘或钠钙玻璃盘。实验周期是 1h，累积的磨损路线长度大约为 325m。通过监控腐蚀电压（E_{corr}）观察涂层的完整性；而极化电阻通过阻抗谱法获得。试验后采用分析天平（精度 10^{-5}g）得到失重值。磨损条件下电化学试验后，用光学仪器和扫描电镜（SEM）观察样品，以研究磨损形貌。图 6-24 所示为测量得到的磨损腐蚀曲线。

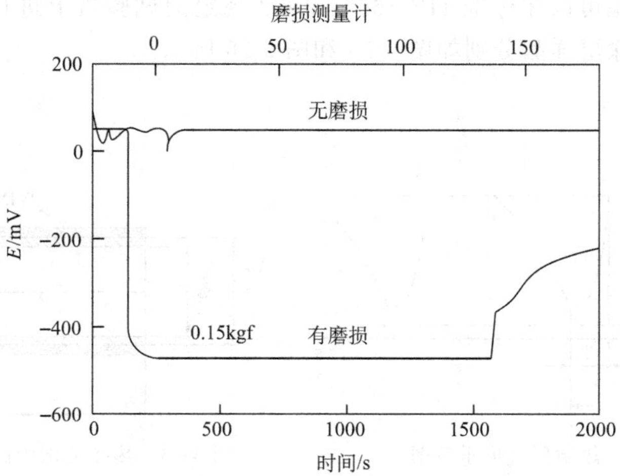

图 6-24 不锈钢表面腐蚀电压随着磨损腐蚀时间的变化

6.9　涂层的热耐疲劳测试

PVD涂层的疲劳试验也没有相应的标准可以参考，但是可以参照既有的热障涂层（如用于航空发动机叶片表面的耐热涂层）的疲劳试验方法。

PVD涂层除了应满足涂层的一般要求，还必须满足某些特殊要求，热疲劳抗力就是其中一项重要指标。因为有时PVD涂层经常在较高的温度下工作，反复经历高低温的作用，承受持久的热疲劳应力的作用。如铝合金压铸模具表面的涂层，就承受着常温－700℃交变温度的影响，需要涂层具有较高的热疲劳抗力才不至于脱落。有文献曾采用多种方法测定热障涂层的热疲劳抗力，加热-冷却方式包括感应加热-压缩空气冷却、感应加热-水气冷却和电炉加热-水冷等。所用试件有圆筒状、矩形板状及实物。从试验条件与零、部件实际工作环境的接近程度，感应加热-压缩空气冷却的方式与实际工作环境较为接近，但试验设备复杂，试验时间长，试验成本高；电炉加热-水冷的方式则正好相反；感应加热-水气冷却的优缺点介于两者之间。考虑此类试验主要是用于不同涂层材料、不同工艺间热疲劳性能的比较，电炉加热-水冷的方式完全可以达此目的。另外，采用电炉加热-水冷方式的另一优势是其试验过程可部分参照标准HB 6660—1992，在现有试验机上进行，为试验工作带来方便。试样设计是涂层试验的一项关键性工作，试样设计是否合理，将极大影响试验结果。以往试验表明，由于矩形板状试样边角处存在较大的应力集中和试验过程中试样各部位受热不均匀产生的热应力，涂层往往首先在边角附近发生破坏。圆筒状试样较好地避免了上述问题，是一种较为合理的试样。

热疲劳试验可以在标准HB 6660—1992规定的试验机上进行，热循环波形和热疲劳试验涂层样品分别如图6-25和图6-26所示。

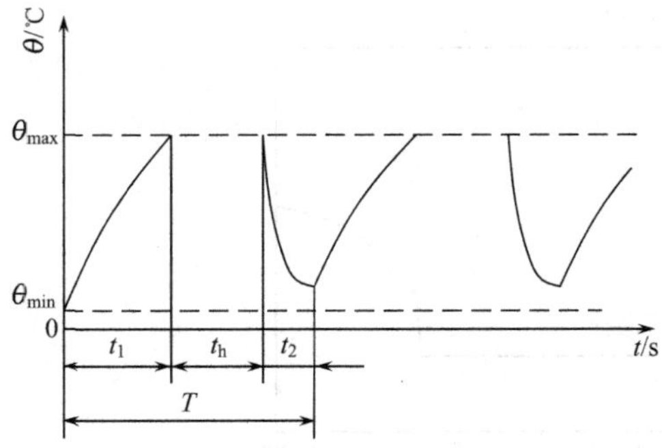

图6-25　热循环波形示意图

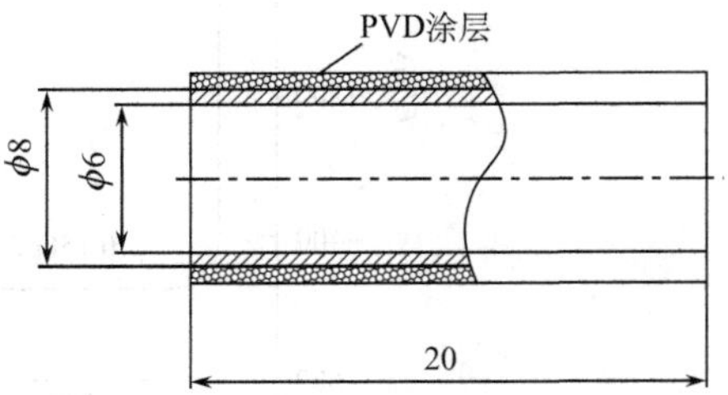

图6-26　热疲劳试验涂层样品示意图

第7章　PVD涂层在现代工业上的应用

近20年来，表面工程技术的研究热潮，极大地丰富和发展了各行各业新产品、新技术、新设备，从而又极大地丰富和发展了表面工程技术，形成一个比较完整的现代化表面工程技术系统。在物理气相沉积方面，则以更快的速度向前发展，从早期电阻加热蒸镀，发展为电子束、激光束、离子束的加热蒸发，1963年出现离子镀（日本人称为干法电镀）后，迅速发展了空心阴极、多弧、离子束辅助、反应束和离子团束沉积等离子镀技术，溅射沉积，则有了磁控、射频以及离子束溅射镀等，现在又出现了第五代涂层技术——阴极电弧超长矩形靶涂层技术。

表面工程是在材料表面上获得它本身没有而又希望具有的性能的形成技术(包括表面改性技术、涂膜技术和涂层技术)，结合理论、失效机理、涂膜层材料、施涂工艺、设备、测试技术、检验方法、标准以及质量保证与工艺过程控制等形成工程化规模生产的系统工程。

英国热处理和表面工程学创始人汤·贝尔为表面工程下的定义：表面工程是材料表面和基体一起作为一个系统进行设计和改性以期获得它们本身都没有的成本效益性能的提高。

我国著名科学家师昌绪下的定义：表面工程是经过表面预处理后，通过表面涂覆、表面改性或多种表面技术复合处理、改变固体金属表面或非金属表面的形态、化学成分和组织结构以获得所需表面性能的系统工程。

无论表面工程定义如何，但它在世界各国、各工业领域和人们生活的各个方面的应用越来越广泛了。表7-1列出了现代化表面工程的功能与作用的七个方面：①提高材料耐腐蚀能力，延长制品使用寿命；②提高耐磨减磨作用，节约能耗和材料；③赋予表面物理特性，以适应制造技术的种种需要；④赋予表面化学特性；⑤提高表面完整性，减少材料疲劳，延长寿命；⑥赋予表面特种功能，满足近代高科技发展的需求；⑦赋予制件表面装饰特性，美化生活，美化环境。表面工程在实际应用中的内容还要丰富得多。

先进PVD涂层技术作为表面工程领域的一个分支具有非常广泛而又极其重要的应用价值，涉及切削刀具、各类成型模具（剪切模具、折弯模具、冷镦模具、拉伸模具、压铸模具、注塑模具等）、摩擦磨损件、医疗器械等行业。可以毫不夸张地说，只要有现代制造业，就有PVD涂层的应用领域。虽然PVD涂层具有广泛的应用前景，但是由于其是一种先进制造技术，必须与应用的行业相结合才能发挥其最大的优势。以下就结合不同的制造领域分别进行介绍。

表 7-1　表面工程的作用与功能

功能	作用
提高耐腐蚀能力	抗均匀腐蚀 防晶间腐蚀与剥蚀 防电偶腐蚀 抗点蚀、耐磨蚀 抗高温氧化与热腐蚀 抗腐蚀疲劳 抗应力腐蚀和氧脆
提高耐磨减磨能力	抗摩擦磨损 减磨、润滑 抗冲蚀 防黏结、防咬合
赋予表面特种功能	声、光、磁、电的转换 导电、绝缘、超导 存储记忆 发光、小光、光反射、光选择吸收 红外波、雷达表吸收、反射 红外探测、成像
赋予表面其他物理特性	传感 亲油、亲水 可焊、黏着 疏某种介质 耐热、导热、隔热、吸热、热反射
赋予表面其他化学特征	耐水、耐酸、耐碱、耐盐 耐特种介质 催化
提高表面完整性	光洁度 清洁度 致密度 损失程度
赋予制件表面装饰特性	美丽的图案 鲜艳的色彩 金属的陶瓷化 非金属制件表面金属化 金属材料的抗老化

7.1　PVD 涂层在冲压/成型模具上的应用

模具的种类很多，主要有以下几种：冷冲模、冷锻模、热锻模，压铸模以及塑料模等，它们因用途不同，对性能的要求也就不同，主要要求如表 7-2 所示。

表 7-2　各种模具对表面处理的要求

	耐磨性	耐黏附性	耐热龟裂	耐蚀性	耐疲劳强度
冷冲模	○	○			◇
冷锻模	○	○			◇
热锻模	○	○	○		◇
压铸模	○	○	○		
注塑模	○	○	◇	○	

注：○～优；◇～一般。

PVD 涂层的类型也非常多，每种涂层的性能都不同，这也决定了不同的适用范围。表 7-3 列出了不同类涂层的性能，以下将分别介绍各种涂层的不同用途。

表 7-3　不同类型涂层的性能

涂层类型＼性能	硬度/HV	涂层温度/℃	摩擦系数	工作温度/℃
TiN	2500	450～480	0.4	600
TiCN	3500	450～480	0.25	400
TiAlN	3500	450～480	0.4	800
CrN	1800	350～450	0.35	700
AlCrN	3500	450～480	0.35	1100
DLC	1200	150～250	0.25	200

冲压是大批量零件成型生产实用工艺之一。在冲压生产过程中，模具出现的问题最多，它是整个冲压生产要素中最重要的因素，直接影响生产效率和成本，影响产品的交货周期。模具问题主要集中在模具损坏、产品质量缺陷和模具的刃磨等，它们长期困扰着行业生产。模具损坏是指模具开裂、折断、涨开等，如图 7-1 所示。

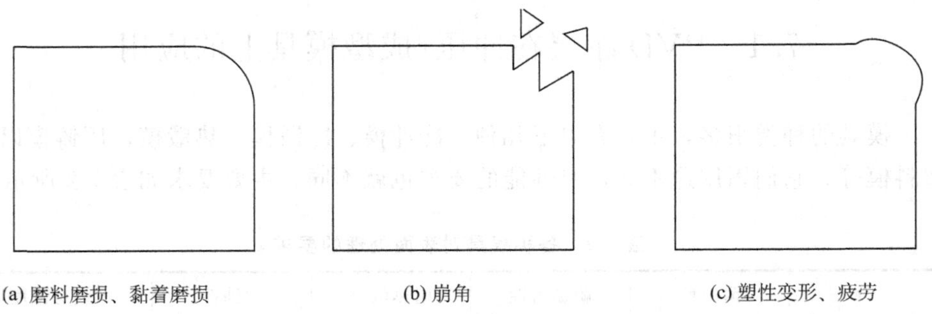

图 7-1 冲压/成型模具的磨损方式

在模具的使用过程中，早期失效经常出现。失效的因素通常是磨损、腐蚀、融合、黏着等。其问题不单是拖延生产周期，也大大增加了生产成本，进而影响企业竞争力。为此，业界陆续推出不同的解决方案，而 PVD 涂层表面处理技术是备受青睐的方案，能最有效地解决上述难题。

PVD 涂层技术可以广泛应用于各类磨损、咬合、腐蚀、黏着、融合等引起失效的工具、模具、机械零件、医疗器械等。其中，因磨损引起失效的产品（如冲裁、冷镦、粉末成型等模具）加涂层后可提高寿命 2～10 倍；因咬合引起拉伤问题的产品或模具（如引伸模、拉伸模、翻边模等）加涂层后可以从根本上解决这些问题，其抗磨损功能如图 7-2 所示。

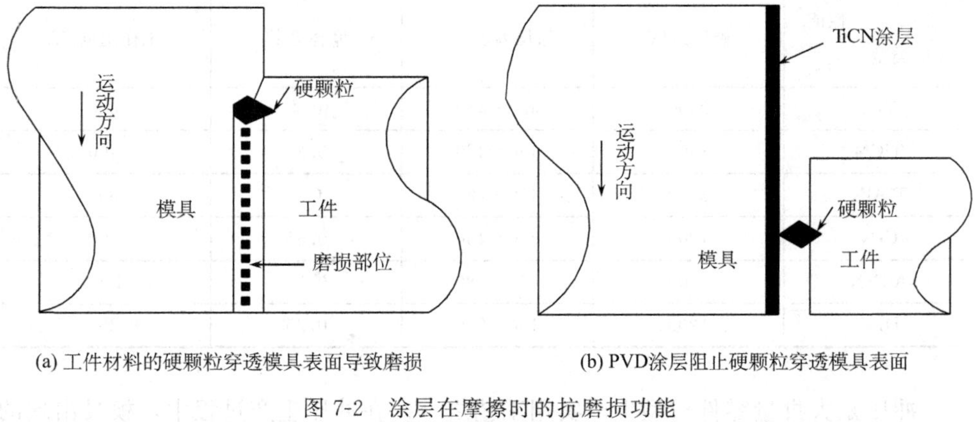

图 7-2 涂层在摩擦时的抗磨损功能

7.1.1 冲压模具

五金冲压通过剪切的原理，把五金薄片冲成不同形状。根据其加工过程，磨损、塑性变形、崩角都是其破坏的机理，所以最理想的冲压模具必须同时拥有高硬度和高韧性。高硬度确保抗磨损性能好，韧性好代表抗崩角性能好。基于模具钢物理性能的限制，如常用的 D2 材料，硬度不能超过 62HRC。因此，采用 PVD 涂层是提高表面抗磨损的最好办法，如氮化钛 PVD 涂层表面硬度可达到 85HRC，对解决磨损有直接的帮助。但是，塑性变形还与基体的硬度有关。冲棒是冲压常用的模具，一般采用 TiN 涂层。某 PVD 涂层公司采用 PVD 技术对 SKD11 冲压模具进行 TiCN（碳氮化钛）涂层，可以提高模具寿命 5 倍以上，同时解决模具、产品拉伤问题，如图 7-3 所示。

图 7-3　冲压模具 TiCN 涂层

本书对经 TiN 处理的模具进行了实际应用试验，该冷冲模具实际使用寿命由原来的约 3000 次增加到 60000 次，即模具实际使用寿命提高了约 20 倍，而且从模具磨损后的失效形貌发现磨损部分为光滑的表面，属于逐渐磨损，没有出现涂层剥落的痕迹。在 CrL2MoV 钢上沉积 TiCN/TiN 涂层能显著地提高 Crl2MoV 钢的表面硬度及承载能力。实践证明，如果先进行低温等离子渗氮的双重处理，则更能改善涂层-基体的结合条件，显著提高涂层与基体的结合强度，这是由于 TiCN/TiN 涂层强化和韧化的作用，以及中间渗氮层的强化作用。

7.1.2　成型模具

良好的五金拉伸模具要求硬度高，兼有润滑性能良好的表面。一般的冷作钢可以达到 62HRC，但钢材表面润滑度低，PVD 涂层可以满足这两方面的要求。TiCN 是很好的拉伸涂层，其硬度可达到 3500HV，但摩擦系数可低于 0.2，如图 7-4 所示。

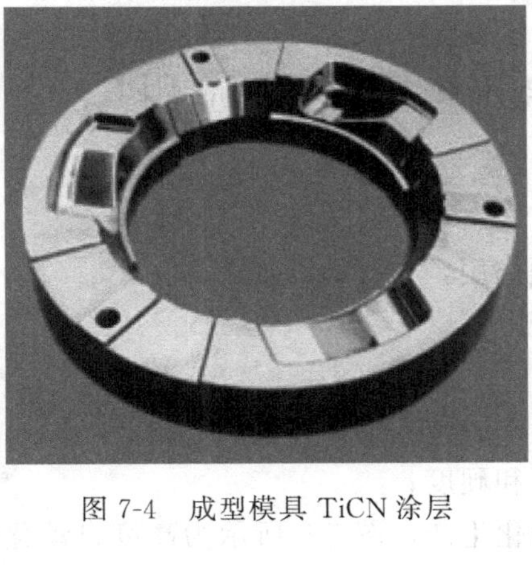

图 7-4　成型模具 TiCN 涂层

用于剪切和引伸的模具是在很大的冲击载荷下工作的，所以和切削刀具一样，PVD 法同样也适应。表 7-4 列出了五种不同模具在镀 TiN 前后的寿命。由表 7-4 中可知，经过 TiN 涂层以后，冷压模具的寿命得到了很大的提高。

表 7-4 模具涂层 TiN 后寿命比较

类别	冲压冲头		拉伸冲头		校验冲头		翻边冲头		切边模	
模具材料	M2		M2		M2		M2		M2	
被加工材料 板厚/mm	冷轧板 20		热轧板 15		18-8 不锈钢 0.4		冷轧板 10		冷轧板 2	
加工件数/千个	未涂	TiN	未涂	TiN	未涂	TiN	未涂	TiN	未涂	TiN
	0.5	1.1	5	25	55	245	2.5	25	60	400
结果比较	提高 2.2 倍		提高 5 倍		提高 4.5 倍		提高 10 倍		提高 6.7 倍	

7.1.3 案例

上海明芳汽车零部件有限公司是台湾明芳集团的子公司（该集团专业生产汽车零部件，是丰田、本田等战略合作公司，子公司有无锡大昌、无锡明芳、无锡腾昌、上海烈光等），年产值超过 10 个亿，员工超过 3000 人，公司位于上海市闵行区七莘路。目前生产的汽车零部件 70%都是靠模具成型的。模具表面过去有采用氮化、渗碳的，但是现在这些工艺已经过时。后来又出现了 TD 处理，虽然效果很好，但是由于温度高（超过 800℃），很容易造成模具变形报废。所以对于汽车零部件成型模具最好的表面处理方法就是 PVD 涂层。2004 年，与该公司主管模具的肖文泽协理一起研究模具涂层的处理工艺。该公司以前用了很多 SKD11 和 Cr12MoV 这类低温回火的模具钢，通过分析，作者建议模具部采用 DC53、高速钢等高温回火的模具钢，成本几乎相同，但是通过涂层，模具寿命提高了 3～5 倍，效率也大大提高。所以该公司目前虽然每年需要涂层费用 100 万元左右，但是节省的费用在 1000 万以上。如果对于不锈钢制品模具，即使用最好的高速钢，没有涂层一件产品都打不出来模具就拉毛了（行业术语，即模具表面损伤）。如果经过涂层，可以连续打几万个产品，由此可见涂层的效果。

7.2 PVD 涂层在铝合金压铸模具上的应用

7.2.1 铝合金压铸模的失效模式及分析

铝合金在现代制造业中具有举足轻重的作用，主要原因如下：

（1）压铸件的尺寸精度高、表面质量好；

（2）材料利用率高；

（3）可以生产出形状复杂、轮廓清晰、深腔薄壁的压铸件；

（4）压铸件组织致密，具有较高的强度和硬度；

（5）生产效率高，易实现机械化和自动化生产，图 7-5 所示为高度自动化的铝合金压铸机；

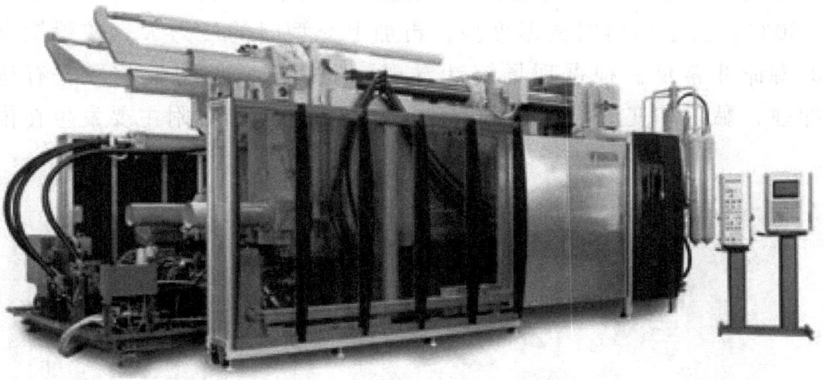

图 7-5　铝合金压铸机

（6）经济效益好，在压铸件上可直接嵌铸其他材料的零件，节省贵重材料，特别是汽车工业已经大量采用铝合金制造零部件已达到减重、节能的目的，如图 7-6 所示。

(a) 过滤器壳　(b) 变速箱壳

(c) 发动机壳　(d) 轮毂

图 7-6　铝合金制造的汽车零部件

压铸模具对于铝合金成型有极为重要的作用，如图 7-7 所示。铝的熔化温度为 680℃，由于压铸时的温度高，再加上充型时的压力大，使得铝合金压铸模具的寿命非常低。根据现场统计发现，压铸模常见的失效形式有龟裂、开裂、冲蚀、黏附和变形等，其中龟裂、开裂、冲蚀和黏附主要发生在模具型腔表面。

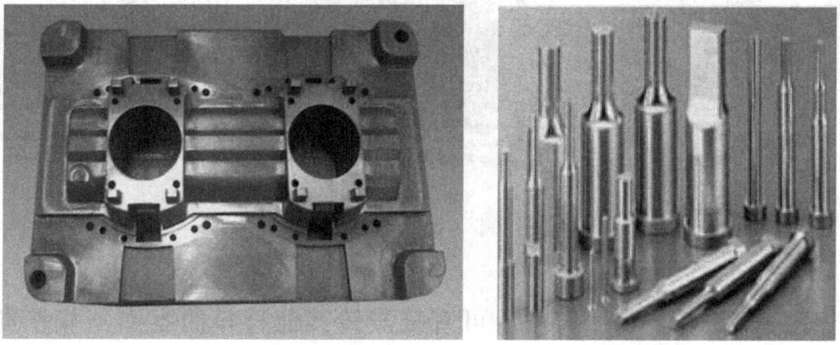

(a) 铝合金压铸模具　　(b) 铝合金压铸模具镶针

图 7-7　铝合金压铸模具及其配件

1. 龟裂

在每个压铸循环过程中，由于存在着剧烈的热交换，模具温度变化剧烈，由此产生的热应力导致模具型腔表面产生热疲劳，形成微裂纹。随着压铸循环次数的增加，微裂纹进一步扩展，形成龟裂。这是铝合金压铸模失效的主要形式。

2. 开裂

在压铸生产中，除了热应力，由于铝液的高压冲击，在模具内部还产生了其他应力。当这些应力超过模具材料的疲劳极限时便产生了开裂，特别是容易产生应力集中的尖角部位，开裂的可能性更大。此外，如果模具加工过程中产生的应力没有彻底消除，则模具更易开裂。

3. 冲蚀

铝液高速充填型腔时摩擦生热，使得在模具型腔表面朝向内浇道处的区域的表面温度高，加上受到铝液的猛烈冲击，因此该部位的表面保护层容易被破坏。铝液进一步与裸露的金属基体发生反应，生成较硬的化合物。在去除这些化合物的过程中，易带走基体材料，并暴露出新鲜表面，如此周而复始，加剧了型腔表面的损坏，形成严重的冲蚀。

4. 黏附

铝合金充填型腔压射过程中，型腔表面的瞬间温度在 600℃以上，此时模具材料与铝液的亲和力大，黏附力强，易形成型腔黏附。

5. 变形

在压铸过程中，压铸模承受锁模力、压射反压力等多种应力的作用，如果模板刚度不够，模具则在这些应力的长期作用下产生弯曲变形。

6. 运动障碍

在压铸生产中，由于模具内外温差大，模具上各部分的热变形量不同。不同的热变形量导致模具各零件尺寸的不同变化，从而改变了模具零件相互之间的配合关系。这种配合关系的改变可能会使得有相对运动的模具零件产生明显的运动障碍。

7.2.2　铝合金压铸模具表面 PVD 涂层处理

根据铝合金压铸模具的失效形式，采用 PVD 涂层是一种非常好的保护手段。表 7-5 列出了 PVD 涂层对于铝合金压铸模具的保护效果。

表 7-5　针对铝合金压铸模具 PVD 涂层的功能

涂层名称	颜色	特　性	备注
氮化铬（CrN）	银白色	铬具有抗黏着性，对铝的渗透性具有很好的阻碍作用，同时 CrN 涂层具有耐高温性（约 800℃）、耐腐蚀性和耐氮化性，对有色金属也有很高的耐熔接性	解决：黏铝、烧伤、可降低弯曲变形问题
氮化铝钛（TiAlN）	紫色	由于 TiAlN 涂层中含铝，所以该涂层不仅具有抗高温氧化性（约 800℃），而且可在干式或高速条件下对加工工具发挥最佳的保护性能；另外由于传热性差，铝压铸时能够阻碍热传导到模具材料上，所以可防止模具出现裂纹	减轻：黏铝、烧伤、裂纹、折断问题
氮化钛（TiN）	金黄色	TiN 涂层不仅具有耐高温性（约 600℃），而且具有很好的耐磨性和耐腐蚀性，但是对于铝合金压铸模具的保护性相对其他涂层要差	稍微减轻：黏铝、烧伤、裂纹问题
铬铝氮（AlCrN）	黑色	AlCrN 涂层具有高度抗氧化性，耐高温（约 1100℃）、高硬度、高耐磨性特点，特别适合铝合金压铸模具模芯、滑块、镶件、镶针等成型部位，性能极其优越	解决：黏铝、烧伤、裂纹、折断问题，可降低弯曲变形问题

一般采用表面涂层的方法能够防止铝合金压铸模具龟裂的产生，大大延长模具的寿命。但是涂层的选择要保证以下几点：①涂层能够耐高温；②涂层的化学

稳定性高，不会与铝合金发生化学反应；③涂层非常致密，能阻挡 Al 原子的扩散。在表面涂层中，CrN 和 AlCrN 是最理想的选择。它们不但能耐 700℃ 的高温，而且化学惰性高，非常致密，在模具表面能形成严密的保护层，很好地防止 Al 原子渗透到基体。最早都是采用电镀 Cr 形成涂层，但由于电镀的涂层不均匀、比较厚以及突起部位不易镀上和对环境的污染等致命的缺点，已经逐渐被淘汰了，而以 PVD 方法取代。

7.2.3 案例

昆山六和精密是位于昆山市的专业给大众汽车生产铝合金轮毂的压铸企业。铝合金压铸模具材料是热作模具钢，铝合金压铸时的温度是 700℃。由于压铸时的温度比较高，铝原子会慢慢渗透进模具钢的表面，在模具钢的表面形成富铝合金层，脆性非常大。由于压铸过程中模具钢经受比较大的温差应力，所以模具钢表面出现龟裂。同时压铸完成后，铝合金轮毂经常附着在模具上很难取出，造成大量的次品。没有涂层之前该类模具的寿命非常低，一般只有几千模次，后来作者帮该公司进行 AlCrN 涂层表面处理。由于 AlCrN 涂层非常致密，能够阻挡铝原子渗透进模具钢表层，该模具不会再出现龟裂现象。另外，AlCrN 涂层与铝合金不亲和，所以出模非常容易，优良品率很高。AlCrN 涂层能够耐 1100℃ 以上的高温，所以对模具表面起到一个隔温层的作用。由于 AlCrN 涂层的优点，该类模具涂层之后寿命提高了 5 倍以上，使成本大大降低。

7.3 PVD 涂层在注塑模具上的应用

7.3.1 注塑模具遇到的问题

随着玻璃、金属纤维增强的工程塑料和难燃树脂的广泛采用以及塑料制品的批量增加，塑料模具的工况日趋恶劣，其型腔表面常发生严重磨损、腐蚀，影响产品外观质量和造成脱模困难，并大大缩短模具型腔的使用寿命。

实践证明，运用表面强化技术提高模具及相对运动件的表面硬度、耐磨性、减摩、耐蚀性及抗疲劳作用是避免模具早期失效，提高寿命的有效途径，同时还可在一定程度上弥补模具材料的不足，降低模具制造成本，提高生产率。

一套注塑模具常是由几个不同部件组合装配而成，如图 7-8 所示，对不同用途的模具，其要求也不相同。如对塑料喷注模具应具有下述特点：第一，承受压制引起的作用力。第二，无润滑的几种金属运动件，其在工作条件下会受到：①咬合擦伤；②腐蚀磨损，塑料粉末受热带来腐蚀和制品碎粒引入的磨损。另外，有些模具区域要承受：①疲劳；②由于有些制品会加入玻璃纤维而引起的磨粒磨损；③由于含氯聚合物分解引起的腐蚀和制品碎粒引起的磨损；④在部件某些密封配合区域由于受热和受压双重作用会产生可燃废气的“内燃影响”（diesel effect），有时还会引起闪火或烧焚等。

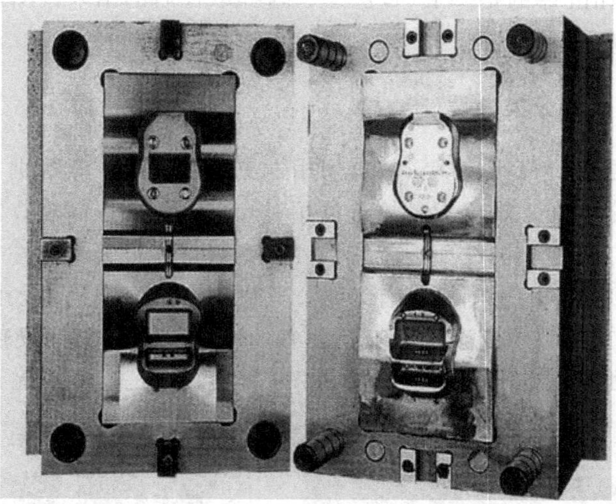

图 7-8　注塑模具

在模具中，经受苛刻工况的一些部件有注塑喷口、运动挺杆、拉拔杆、导杆或导轨等。经受疲劳、磨损和腐蚀的工况会在模具上产生缺陷，这些缺陷将会降低模具寿命，也会带来模具作业的恶化：①塑料充型速度和模具操作速度一般与模具部件滑动的摩擦系数成反比，模具的缺陷肯定影响作业速度，从而也直接影响模具操作的费用；②模具表面和注入模具材料之间的物理化学作用会引起塑料、橡胶或铝合金的“结瘤”弊病，或可叫做恶性“黏附”。如某注塑工厂，采用的塑料模具原用钢材为 35NCD16（35Ni4CrMo 钢）制造，内通水进行冷却。模具因黏瘤和“内燃影响”，需要在加工一百万件后进行清理和抛光，每件作业平均耗时 17s，严重降低了生产效率。该厂模具后来采用一种 PVD 涂层处理，单面膜后 3μm，具有高耐磨性，同时模具材料改用为导热性良好的 Cu-Be 合金（铍青铜），可以不用水进行冷却。经这种处理后的模具不发生“内燃影响”，黏瘤现象大为减轻，使清理工作可在每六百万次注塑后进行。另外由于模具涂层与塑料之间的化学亲和性小，每件作业平均耗时由 17s 减至 10s。第二个实例为聚苯乙烯塑料药匙模具，模具材料为高合金钢 Z38CDV5（1.2343，相当于美国 H2 钢）。存在的问题是塑料注入型腔的充填性差和出模黏瘤现象。为了提高充型速度，模具采用某种 PVD 涂层处理，取得了惊人的好结果，作业时间减少 30%。因为塑料和钢之间的摩擦减轻，注塑方便，脱模力减少，模具花纹雕刻不必太费神。第三个实例是合成橡胶 O 形橡皮圈模具，原采用电镀硬铬，现采用铬基 PVD 涂层。当采用镀硬铬时，由于严重的“结瘤”，模具在作业每两万次后要进行清理（在清理溶液中刷除和剔除）。为了减小维修费用和生产停滞费工，将硬铬层改为单面 4μm 厚的铬基 PVD 涂层。这样取代后的结果很明显：清理工作可在每十万件后进行，停滞工时减少 5 倍。

7.3.2 注塑模具的分类处理

塑料模具由于价格比较贵，故其耐用性更加受到关注。特别是塑料模具由于其结构复杂决定了加工难度大，故造价相对较高，所以提高模具的寿命就是一个主要课题，尤其镜面和蚀纹面，就特别容易磨损，这一直是一件令人十分苦恼的事情。例如，所生产的塑料中带有纤维，其硬度容易磨损模具表面，或脱模时需要提高润滑的性能，PVD 涂层由于其独有的润滑性及超高的硬度，可以大大改善生产过程中所遇到的上述问题，如图 7-9 所示，但是具体情况还要根据模具的使用和特点进行。

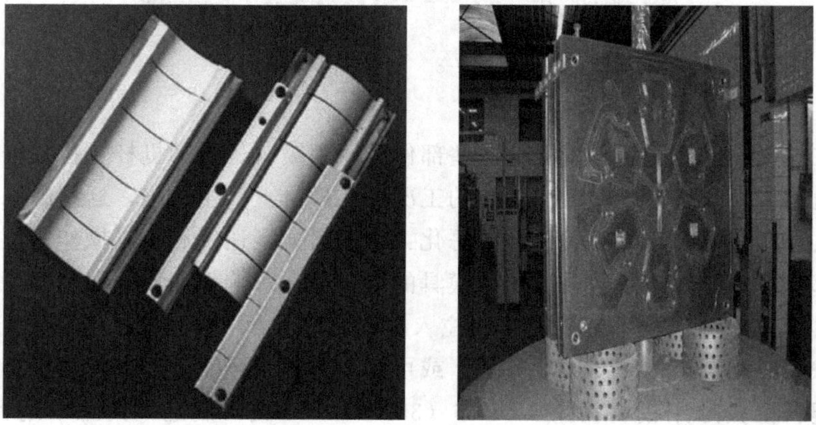

(a) 为PVC注塑模具，采用CrN涂层，解决了耐磨、黏着和腐蚀问题

(b) 为橡胶垫片模具，采用CrN涂层，解决了黏着和磨损问题

图 7-9　带有 PVD 涂层的注塑模具

1. 铍铜模具或镶件

铍铜的特点是散热快，硬度最高可达 40HRC，一般的铜合金无法比拟。散热快（比合金钢快 3 倍）代表生产周期可以缩短，产量更高。铍铜价格昂贵，比一般塑料钢材贵 5 倍以上，所以任何的磨损、报废或修磨的成本都很高。基于硬度无法超过 40HRC，所以表面磨损是其碰到的比较严重的问题。

2. 精密模具或镶件

现今潮流消费性产品如数码相机、笔记本电脑、手机或 PDA 产品功能特别多，但外形向娇小玲珑方向迈进，故该类产品对精密度及材料的选择等方面的要求都大为提高。在选材方面，基于外壳的高保护性能及内部的高强度，一般采用 PC＋ABS＋玻纤材料。而该材料对模具的磨损性或腐蚀性都非常高，所以模具的磨损比较快，而维修精密模具的价格也挺高。

3. 含尼龙或大批量生产模具

透明塑料瓶是典型大批量生产的制品，其模具在高速生产的情况下，对表面的要求特别高，如表面硬度高、抛光至镜面及脱模能力良好等。一般欧美生产商都采用 PVD 涂层处理增强模具表面的硬度和提高润滑脱模能力。PVD 涂层的高硬度及润滑性能良好，因此能缩短生产周期，提高产量。另外一个方面就是汽车制造商需要在不影响安全、质量的情况下，不断降低汽车的总重量，从而达到省油的目的。工程塑料质轻且强度高，是汽车零部件的良好材料。但如果碰到生产如尼龙或加玻纤的工程塑料产品时，不管是什么类型的模具钢材，其表面磨损都特别严重。温州一家大型汽车配件模具及制品生产商了解 PVD 涂层的好处后，其所有生产尼龙汽车配件的模具均采用了该涂层，从而提高了模具的使用寿命。

7.3.3　注塑模具应该具备的性能

通过以上分析可以看出，注塑模具比金属成型模具复杂，根据使用工况，注塑模具经常需要提高一些特殊的性能。

1. 脱模要容易

模具及其部件的表面扰动是导致脱模的主要因素，这对表面硬度较低的钢制模具尤为明显。表面扰动是由于模具材料本身的性能（如孔隙度），或是模具使用时间较长后性能受损所致（树脂的影响）。

2. 耐磨性、耐腐蚀性和抗氧化性要强

对于塑料模具，由于塑料成型加工是在一定的温度下进行的，模具的工作温度一般在 250℃以下，并且由于某些塑料（如聚烯烃 PE、PP 和 PB；缩醛树脂 POM；聚酰胺 PA；线性聚酯 PC、PBT 和 PET；聚芳砜/聚砜 PPE、PEEK、PAEK/PPS、PSU 和 PES）在成型加热时会分解出氯化氢或氟化氢气体，这些腐蚀性气体会对塑料模具表面造成腐蚀。同时，大部分塑料中都加有一定量的填料，如玻璃纤维、粉末填充剂会造成对塑料模具表面的磨损，腐蚀后的模具表面粗糙度提高又会加剧模具的磨损导致失效。因此，提高塑料模具使用寿命，便是通过采取必要的技术手段，提高其表面抗磨性、抗腐蚀性、抗热黏附性。

3. 硬度和稳定性高

对于有纹理表面的塑料注塑模具以及用于加工工程塑料（包括聚酰胺和聚芳砜/聚砜）的模具，这些性能都是理想的。

注塑模具遇到的这些问题可以通过 PVD 涂层解决，涂层后使得注塑模具具有以下性能：

（1）耐磨性更高，模具寿命大大延长；

（2）胶料的可流动时间更长，填模效果更佳；

（3）塑胶产品表面品质提高，不良率降低；

（4）脱模更容易，甚至可避免使用脱模剂；

（5）有效防止腐蚀性原料侵蚀模具基体；

（6）模具易于清洁，且清洁周期更长。

此外，塑料模具一般采用低温回火，因此，一般高温处理的 PVD 涂层都不适合。这种情况下，应该采用低温 PVD 涂层工艺，保证模具基体涂层时不被退火。

基于 PVD 涂层显而易见的优点，很多科技工作者在注塑模具上采用了这一工艺。曾霞文等用非平衡磁控溅射法（PVO 法），将 Cr12MoV 钢制作的 PVC 塑料注射成型模具，经常规热处理后沉积 TiN 膜层，使其耐磨性提高，且因耐盐雾腐蚀性能的提高，使模具表面不会发生点蚀而引起脱模时的黏模，塑件表面光滑，质量好，使用寿命比原来提高 2～4 倍，提高了生产效益。有些研究人员用 PVD 法对塑料模具进行涂覆 TiN 的处理，使模具寿命得到提高。对于制造喷射成形用的丝杆，使用 PVD 法中的多孤法和多弧 HCD 并用法，使废品率几乎降到了零。用 PVD 法处理过的丝杆，树脂脱膜性能好，同时也减少了树脂的烧坏。另外，对模具芯子进行 PVD 法涂覆 TiN 处理，喷丸数是没有处理的 3 倍。

7.3.4 案例

苏泊尔是专业制造厨房用品的知名企业，总部位于浙江省玉环市。该公司有一种炒锅，柄部是塑料制造的。制造时在酚醛塑料中加入了玻璃纤维，采用注塑成型工艺。由于塑料手柄需要花纹，所以模具表面采用电火花加工了很多磨砂花纹。酚醛塑料中加入玻璃纤维后对模具表面的磨损非常剧烈，如果模具不作表面处理只能生产一万模花纹就被磨损掉了。该厂家以前采用电镀 Cr 进行表面保护，但是电镀 Cr 属于严重污染环境的工艺，现在很多厂家都慢慢淘汰了这种工艺。同时电镀 Cr 存在镀层非常厚（单面厚度至少超过一个丝），严重影响模具的精度，而且由于电流的尖端效应，往往造成平面镀的好，尖端很难镀上。由于在水溶液中电镀，也会造成模具的氢脆现象，使得镀层非常脆，容易剥落。后来作者帮该厂选择采用 PVD 工艺进行 TiN 表面处理，涂层的厚度单面只有 3μm，硬度却有 HV2500，涂层后该模具的寿命可以达到 10 万模次。等到涂层磨损后，可以用药水把老的涂层洗掉，模具修磨后可以重新涂层继续使用，这样帮厂家节省了大量的人力、物力和财力。

另外一个厂家昆山圣美是专业生产笔记本电脑外壳的厂家，位于昆山市，占地 1000 多亩。专业替华硕、东芝等著名企业生产笔记本电脑外壳。笔记本电脑外圈有一层塑料表面需要亮面，该种塑料在注塑时会产生瓦斯气（厂家的行话），瓦斯气会附着在模具表面，在塑料的亮面部位留下痕迹，造成该件产品报废。后来作者和该公司的林华伦协理一起合作，采用 CrN 涂层对模具表面进行处理，使得模具一次能够完成 70 万模次且没有出现一件废品。另外，模具中使用的导柱、导杆经过 TiN 涂层处理也能够大大提高寿命。

7.4　PVD 涂层在现代切削刀具上的应用

7.4.1　现代金属切削对刀具的要求

刀具系统是整个加工体系中非常重要的一环，如图 7-10 所示，现代化的金属切削加工，对刀具的要求是高切削速度、高进给速度、高可靠性、长寿命、高

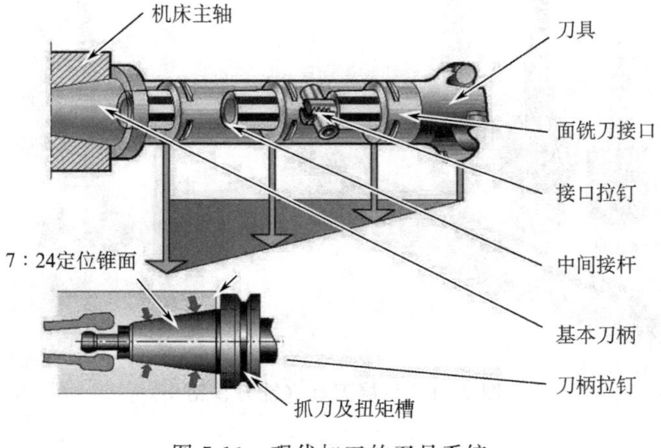

图 7-10　现代加工的刀具系统

精度和良好的切削控制性。涂层刀具的出现，使刀具切削性能有了重大突破，它将刀具基体与硬质薄膜表层相结合，由于基体保持了良好的韧性和较高的强度，硬质薄膜表层又具有高耐磨性和低摩擦系数，从而使刀具的性能大大提高。表 7-6 是某涂层厂家推出的满足不同加工要求的涂层产品。

表 7-6 某厂家推出的刀具系列涂层

被切削材料	涂层类型						
	TiN	TiAlN		金刚石		氧化铝	TiAlN+DLC
高合金钢	▲	■	●			◇	■
低合金钢	▲	■	●			◇	■
有色金属				■	●		
不锈钢	▲	■	●				
铸铁		■	●			◇	
塑料等		■	●				

注：▲良好的适应性；■干式切削；●高速切削；◇高负荷切削。

20 世纪 70 年代初，硬质涂层刀具问世后，化学气相沉积（CVD）技术和物理气相沉积（PVD）技术相继得到发展，为刀具性能的提高开创了新篇章。涂层刀具与未涂层刀具相比，具有显著的优越性：它可以提高加工效率，提高加工精度，延长刀具使用寿命，从而保证加工件的质量，降低加工成本。在著名刀具供应商（Sandvik、Seco 和 Kenna）提供的资料和相关的文献中，如图 7-11、图 7-12 所示，PVD 涂层硬质合金刀具获得了广泛的认可。

图 7-11 涂层刀具（铣刀、钻头）

图 7-12　涂层刀具（可转为刀片）

7.4.2　刀具硬质涂层新材料

1. *多元、复合硬质涂层材料的发展*

PVD 技术因其工艺处理温度可控在 500℃以下，可作为最终处理工艺，非常适于高速钢刀具的涂层，大幅度提高高速钢刀具的切削性能，所以该技术从 20 世纪 80 年代得到迅速推广；到 80 年代末，工业发达国家高速钢复杂刀具的 PVD 涂层比例就超过 60%；至 21 世纪初，工业发达国家高速钢刀具的 PVD 涂层比例达到 50%～70%，高速钢复杂刀具的 PVD 涂层比例高达 90%。PVD 技术在高速钢刀具领域的成功应用引起了各国制造业的高度重视，在竞相开发高性能、高可靠性涂层设备的同时，对其应用领域的扩展（尤其是在硬质合金、陶瓷类刀具的应用）进行了深入的研究。结果表明：与 CVD 工艺相比，PVD 工艺处理温度低，在 600℃以下对刀具材料的抗弯强度无影响；薄膜内部应力状态为压应力，更适于对硬质合金精密复杂刀具的涂层；对环境无不利影响，符合绿色制造的发展方向。20 世纪 90 年代后期，PVD 技术已普及应用到硬质合金立铣刀、钻头、油孔钻、铰刀、丝锥、可转位铣刀片、异形刀具等的涂层处理。PVD 涂层工艺的发展时段及应用领域如表 7-7 所示。

表 7-7　PVD 涂层工艺发展时段及应用领域

时间	涂层成分	主要应用领域
1979	TiN	高速钢刀具涂层
1984	TiCN	硬质合金、高速钢铣刀、钻头刀具涂具
1989	TiAlN	硬质合金铣刀涂层（用于钢、铸铁加工）
1991	TiAlN+CrC	车削、铣削钛合金
1993	CrN	钛合金、铜合金加工

续表

时间	涂层成分	主要应用领域
1994	MoS_2	高速钢复杂刀具涂层
1995	TiN-AlN	硬质合金铣刀片涂层
1996	CN_X	高速钢刀具涂层
2000	TiAlCN	硬质合金刀片涂层

德国欧亚咨询公司曾对我国1999年的刀具涂层市场进行分析。中国1999年的刀具涂层市场规模为7512万元。按中国机械工业年鉴的统计（范围是工具协会成员企业）高速钢刀具在中国刀具产品所占的比重最大，其产值占到85.9%，销售额占到89.8%，而同年涂层刀具所占比例仅为3%～4%。该公司预测，中国刀具涂层市场将会以每年超过20%的增长幅度发展，其中PVD刀具涂层的增长幅度将更大，到2005年中国刀具涂层市场规模预计能够达到24769万元。因为我国的刀具加工市场极其庞大，所以发展刀具涂层技术意义重大。尽管目前国内刀具涂层技术与国际先进水平相比存在较大差距，普通的TiAlN涂层技术也还不成熟，但巨大的应用市场及国家对创新、绿色制造技术日益迫切的要求，已经推动了国内刀具涂层技术的创新发展。

刀具表面的硬质薄膜对材料的要求：①硬度高、耐磨性能好；②化学性能稳定，不与工件材料发生化学反应；③耐热耐氧化，摩擦系数低，与基体附着牢固等。单一涂层材料很难全部达到上述技术要求。涂层材料的发展，已由最初的单一TiN涂层、TiC涂层，经历了TiC-Al_2O_3-TiN复合涂层和TiCN、TiAlN等多元复合涂层的发展阶段，现在最新发展了TiN/NbN、TiN/CN等多元复合薄膜材料，使刀具涂层的性能有了很大提高。

硬质涂层材料中，工艺最成熟、应用最广泛的是TiN。目前，工业发达国家TiN涂层高速钢刀具的使用率已占高速钢刀具的50%～70%，有些不可重磨的复杂刀具的使用率已超过90%。由于现代金属切削对刀具有很高的技术要求，TiN涂层逐渐不能适应。TiN涂层的耐氧化性较差，使用温度达500℃时，膜层明显氧化而被烧蚀，而且它的硬度也满足不了需要。TiC有较高的显微硬度，因此该材料的耐磨性能较好。同时它与基体的附着牢固，在制备多层耐磨涂层时，常将TiC作为与基体接触的底层膜，在涂层刀具中它是十分常用的涂层材料。TiCN和TiAlN的开发，又使涂层刀具的性能上了一个台阶。TiCN可降低涂层的内应力，提高涂层的韧性，增加涂层的厚度，阻止裂纹的扩散，减少刀具崩刃。将TiCN设置为涂层刀具的主耐磨层，可显著提高刀具的寿命。TiAlN化学稳定性好，抗氧化磨损，加工高合金钢、不锈钢、钛合金、镍合金时，比TiN涂层刀具寿命提高3～4倍。如果在TiAlN涂层中有较高的Al浓度，在切削时涂层表面会生成一层很薄的非晶态 Al_2O_3，形成一层硬质惰性保护膜，该涂层刀具可更有效地用于高速切削加工。掺氧的氮碳化钛 TiCNO 具有很高的显微硬度和化学稳定性，可以产生相当于 $TiC+Al_2O_3$ 复合涂层的作用。一些过渡金属氮化物、碳化物、硼化物以及它们的多元复合化合物，有些具有相当高的硬度，这些材料都可以开发出来应用于涂层刀具，将会使涂层刀具的性能有新的突破。

2. 低压气相合成金刚石薄膜的应用

在上述硬质薄膜材料中，显微硬度 HV 能够超过 50GPa 的有三种：金刚石薄膜、立方氮化硼 CBN、氮化碳 β-C_3N_4。这些为数不多的超高硬度薄膜材料的出现，为涂层刀具硬质薄膜的发展开辟了十分重要的用途，因为稀少而昂贵的天然金刚石远远满足不了现代工业的需要。20 世纪 50 年代中期，美国通用汽车公司人工合成了金刚石，得到颗粒状和粉末状金刚石。由于颗粒状金刚石加工困难，很难把它涂到刀具表面。机械行业常用的聚晶金刚石刀片（PCD）也由于几何形状单一，无断屑槽和合理的几何参数，限制了其性能的发挥。70 年代初采用低压化学气相沉积方法合成了金刚石薄膜，经过 20 多年的技术攻关，低压气相合成金刚石的技术终于有了重大突破，研究金刚石成为世界性的热门课题。

金刚石和石墨是同素异形体，金刚石晶体是立方晶系，而石墨是六角晶系。由于原子之间的键合方式不同，使其性能差异十分巨大。从热力学的理论看，石墨比金刚石更稳定。低压气相生长金刚石，在碳的相图中，是在石墨为稳态而金刚石为亚稳态的区域中进行的。然而，由于两相的化学势十分接近，两相都能生成。低压气相合成金刚石的关键技术是抑制石墨相，促进金刚石相生长。常用的合成方法有热丝法；等离子体增强化学气相沉积（PECVD），包括微波 PCVD、电子回旋共振 ECR-PCVD、直流和射频 PCVD 法；直流和高频电弧放电热等离子体法等。反应过程中输入的能量（如射频功率、微波功率等）、反应气体的激活状态和最佳配比、沉积过程的成核模式等，对于生成金刚石膜有决定性作用。衬底材料的晶型和点阵常数对金刚石膜成核生长影响很大，当金刚石相和石墨相在衬底上同时成核时，石墨相就会迅速生长。如果存在高浓度的原子氢就会对长出的石墨相起腐蚀作用而将石墨相除去，虽然它也能对金刚石相起腐蚀作用，但速度却慢得多，从而达到抑制石墨相生长的目的。许多沉积金刚石薄膜的温度要求为 600～900℃，因此该技术常用于硬质合金刀具表面沉积金刚石薄膜。

3. 立方氮化硼 CBN 薄膜技术尚待突破

与人工合成金刚石薄膜相比，人工合成 CBN 薄膜的研究工作开展得较晚。CBN 有三种异构体：CBN 立方晶系闪锌矿结构；h-BN 六方晶系石墨结构；

w-BN六方晶系纤锌矿结构。三种异构体的性能差别很大，h-BN 具有与石墨极为相似的结构，质地很软。而 w-BN 和 CBN 中，B、N 原子都要彼此形成四配位结构，它们都是超硬材料。用高温高压方法得到的 CBN 是颗粒状晶体，最高显微硬度可达 84.3GPa，CBN 薄膜的最高显微硬度为 61.8GPa，其综合性能并不亚于金刚石薄膜。CBN 在硬度和导热率方面仅次于金刚石，热稳定性极好，在大气中加热至 1000℃也不发生氧化。CBN 对于铁族金属具有极为稳定的化学性能，与金刚石不宜加工钢材不同，它可以广泛用于钢铁制品的精加工、研磨等。CBN 涂层除具有优良的耐磨损性能，还可以在相当高的切削速度下加工耐热钢、钛合金、淬火钢，能切削高硬度的冷硬轧辊、掺碳淬火材料和对刀具磨损非常严重的 Si-Al 合金等。低压气相合成 CBN 薄膜的方法主要有 CVD 和 PVD 法。CVD 包括化学输运 PCVD，热丝辅助加热 PCVD、ECR-CVD 等；PVD 则有反应离子束镀、活性反应蒸镀、激光蒸镀离子束辅助沉积法等。

CBN 的合成技术，在基础研究和应用技术方面都还有不少工作要做，包括反应机制和成膜过程、等离子体诊断和质谱分析、最佳工艺条件的确定、高效率设备的开发等。

4. 有可能超过金刚石硬度的氮化碳

20 世纪 80 年代末，美国科学家 I. IU 和 Co-hen 设计了类似 p-Si_3N_4 的新型化合物 p-C_3N_4，采用固体物理和量子化学理论，计算了它的体模量、能带和品格常数，发现氮化碳的体模量达到金刚石的数值范围。由于物质的硬度与体模量成正比，C_3N_4 的硬度有可能达到金刚石的硬度，这引起世界各国科学家的关注。1994 年，I. IU 公布了研究新成果 E53，他采用了可变晶格模型分子动力学（VCS-MD）从头计算法，扩展了低能量 C_3N_4 固体的理论研究，指出 C_3N_4 可能具有三种结构：六角晶系的 p 相、立方晶系的闪锌矿结构和三角晶系的类石墨结构。1996 年，美国的 Jeter 和 Hemley 仍然采用第一性原理从头计算法，但改变了计算过程。使用初始条件时，采用共扼梯度法使电子自由度达到最小；使用边界条件时采用周期函数，将电子的波函数以平面波展开；使用了扩展标准守恒和强度守恒（ENHC）阳势。得到了五种结构的 C_3N_4，它们分别是 n 相、p 相、立方相缺陷闪锌矿结构、立方相硅锌矿 E 结构和类石墨相。除类石墨相外，其他四种都是超硬材料。其中立方相硅锌矿 E 结构 c-C_3N_4 的体模量超过了金刚石。因此，氮化碳有可能具有达到或超过金刚石的硬度。

合成氮化碳的成功，是分子工程学十分杰出的范例。作为超硬材料的氮化碳，预期还有其他许多宝贵的物理化学性质，研究氮化碳成为世界材料科学领域的热门课题。合成氮化碳的主要方法有直流和射频反应溅射法、激光蒸发和离子束辅助沉积法、ECR-CVD 法、双离子束沉积法等。日本冈山大学采用电子束蒸发离子束辅助沉积法获得的氮化碳薄膜，达到目前氮化碳的最高显微硬度——63.8GPa。我国清华大学也获得 60.8GPa 的高硬度氮化碳。武汉大学合成的氮化碳硬度达到 50.0GPa，并沉积到高速钢麻花钻上，获得非常好的钻孔性能。制备氮化碳超硬涂层的关键技术是避免石墨相的析出。

7.4.3　提高涂层刀具使用效果的方法

刀具材料的选用取决于切削条件，也取决于被重磨的面。例如，如果刀具的前刀面被重磨，使用含钴的高速钢会更有利，因为在刀具前刀面无涂层之后，这种钢更耐月牙洼磨损。刀具材料的进步，出现了高速钢、硬质合金、各种增韧陶瓷、钴基金属陶瓷、聚晶金刚石和 CBN 等材质刀具的使用，大大提高了金属切削的加工效率。每种材料的刀具有各自的优缺点，因此有特定的用途。

涂层刀具对刀具几何形状提出了新的要求。一般认为，刀具几何形状的改进，如前角、排屑空间等，应集中在排屑能力上，以适应在更高的进给量和更高的速度下切削量的增加。涂层刀具有较高的加工效率，它允许有较高的进给量和切削速度（可增至原切削速度的 2～3 倍）。对于难加工材料，涂层对刀具性能改善较大。

具有超硬涂层的刀具之所以磨损量小，是因为膜层超硬化合物的硬度高、熔点高、热化学稳定性优良。超硬化合物多由过渡金属的氮化物、碳化物和硼化物组成。它们以强大的共价键结合，具有很低的标准生成自由能，构成了十分稳定的体系，在高温下硬度也不显著降低。这些膜层比硬质合金和高速钢等刀具材料显示出更高的耐机械磨损和耐热磨损等方面的能力。

镀膜条件、工艺参数、镀前基体预处理等对于优质涂层的制取是非常重要的。刀具表面的状态对涂层的附着力至关重要，被镀工件表面必须没有其他膜层、烧斑、锈斑、油污或其他沾污。工件要经过严格的喷砂和去油清洗，在真空中生长硬质薄膜前还要进行离子轰击清洗。

不同涂层材料的刀具，使用效果是不一样的。低速切削，TiC 涂层占有优势；高速切削，TiN 较合适；HfN 的热化学稳定性比 TiN 更高，适合于在更高的切削速度下工作。TiN 和 Al_2O_3 涂层相比，高速切削时 Al_2O_3 涂层占有明显优势，而低速切削时 TiN 涂层刀具的使用寿命更长。

刀具寿命与膜厚也有一定的关系。若以后刀面磨损为基准，随膜厚的增加刀具寿命也会增加，但膜厚为 5μm 时达到饱和，即寿命不再明显增加；但如果以前刀面月牙洼深度为刀具寿命的基准，刀具寿命与膜厚成正比，未发现饱和现象。膜层太厚时易引起剥离，现在车刀的涂层厚度多为单面 5～10μm。

对于铣刀的硬质涂层，膜厚的影响却不相同。对钢制工件进行铣削加工时，无论采用哪种膜层，膜厚大约 2μm 时刀具寿命最长，膜厚再增加时寿命反而下降。但是对冲击作用较小的铸铁等进行加工时，最佳膜厚向更厚的方向变化。在铣削中，TiC 涂层具有最好的效果，而 $A1_2O_3$ 涂层却显示不出在车削加工中的优势。

硬质合金刀具通常采用 CVD 法镀膜，但 PVD 镀膜处理几乎不造成刃口强度下降，PVD 镀层硬质合金铣刀比 CVD 镀层更耐用。对于一般高速钢刀具的耐磨损性能，CVD 涂层要优于 PVD 涂层，但精密的、形状复杂、价格昂贵、不可重磨的高速钢刀具多为 PVD 镀膜。要提高涂层刀具的使用效果、充分发挥硬质涂层的作用是一相当复杂的技术。为了达到优化组合，建立涂层刀具数据库，对不同的工件，通过计算机选择刀具涂层材料和加工参数，情况就变得简单有效，从而真正达到优质、高效、低成本的加工目标。

7.4.4 案例

东方汽轮机厂在 5·12 地震前位于四川省德阳市汉旺镇。该厂生产的汽轮机叶片采用的是日本 OSG 进口的圣诞树铣刀（也称为轮槽铣刀或者叶根铣刀），这种刀具每把 6000 元左右。刀具基体采用的是 M42 高速钢外加 PVD 涂层处理，寿命可以达到 8m。由于汽轮机叶片采用的是镍基高温合金制造，非常难切削，如果不用涂层，刀具的寿命只有 2m 就需要修磨，这样每把刀具到报废的寿命只有涂层刀具的 30%。每年东方汽轮机厂进口该种刀具至少需要 3000 万，为了降低该种刀具的成本，作者和该厂的工艺总师刘文泽合作开发该种刀具，从选材、热处理直至最后涂层。现在该种刀具涂层后同日本的同类型产品寿命差不多，而且还可以把这种刀具应用到上海汽轮机、杭州汽轮机和南京汽轮机等同类厂家。

7.5 PVD 涂层在摩擦磨损件上的应用

7.5.1 机械零部件的摩擦和磨损

1. 摩擦

摩擦是相对运动的物体表面间的相互阻碍作用现象。摩擦可分为以下几类。①内摩擦：在物质的内部发生的阻碍分子之间相对运动的现象。②外摩擦：在相对运动的物体表面间发生的相互阻碍作用现象。③静摩擦：仅有相对运动趋势时的摩擦。④动摩擦：在相对运动进行中的摩擦。⑤滑动摩擦：物体表面间的运动形式是相对滑动的摩擦。⑥滚动摩擦：物体表面间的运动形式是相对滚动的摩擦。图 7-13 所示为滑动摩擦的四种形式。

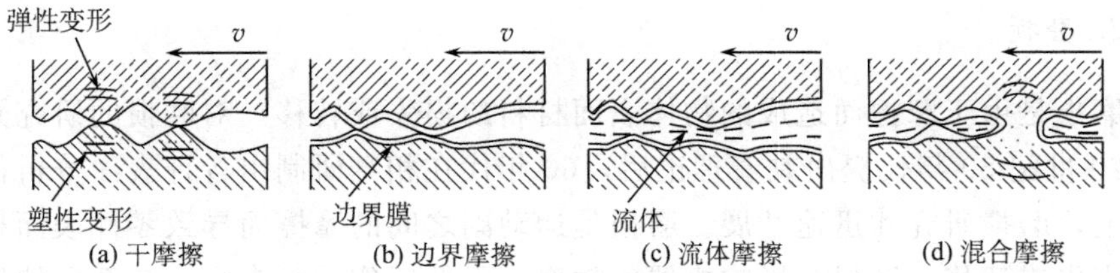

图 7-13　滑动摩擦的四种形式

简单黏附理论能够解释干摩擦现象。在干摩擦条件下，可将较硬表面坚硬的轮廓峰在较软表面上犁出“犁沟”时所需克服的阻力忽略不计，则摩擦力为

$$F_f = A_r \tau_B$$

式中，F_f 为摩擦力，N；A_r 为真实接触面积，mm^2；τ_B 为结点材料的剪切强度极限，MPa。

对于理想的弹塑性材料，真实接触面积 A_r 为

$$A_r = \frac{F_n}{\sigma_{sy}}$$

故得

$$F_f = A_r \tau_B = \frac{F_n}{\sigma_{sy}} \tau_B$$

金属的摩擦系数为

$$f = \frac{F_f}{F_n} = \frac{\tau_B}{\sigma_{sy}}$$

式中，τ_B、σ_{sy} 为相接触两种金属中较软者的剪切强度极限与压缩屈服极限。大多数金属的 τ_B / σ_{sy} 值均较接近，所以摩擦系数相差很小。

但是上述结论不完全符合实际，为此，鲍登等于 1964 年又提出了一种更切合实际的修正黏附理论。修正黏附理论认为：在摩擦情况下，轮廓峰接触区同时有压应力和切应力存在。金属材料的塑性变形同时取决于压应力和切应力的复合作用，而不仅取决于金属材料的压缩屈服极限。

故修正后的摩擦系数为

$$f = \frac{\tau_{Bj}}{\sigma'_{sy}} = \frac{\text{界面剪切强度极限}}{\text{两种金属基体中较软者的压缩屈服极限}}$$

该理论与实际情况比较接近，可以在相当大的范围内解释摩擦现象。在工程中，常用金属材料副的摩擦系数是指在常规压力与速度条件下，通过实验测定的一个常数。

2. 磨损

磨损是由于摩擦而造成的物体表面材料的损失或转移。对磨损的研究开展较晚，20 世纪 50 年代提出黏着理论后，60 年代在相继研制出各种表面分析仪器的基础上，磨损研究才迅速开展。磨损是运动副之间的摩擦而导致零件表面材料的逐渐丧失或迁移。磨损会影响机器的效率，降低工作的可靠性，甚至促使机器提前报废。

机械磨损可大致分三个阶段：磨合阶段——新的零件在开始使用时一般处于这一阶段，磨损率较高；稳定磨损阶段——属于零件正常工作阶段，磨损率稳定且较低；剧烈磨损阶段——属于零件即将报废的阶段，磨损率急剧升高。磨损的三个阶段如图 7-14 所示。

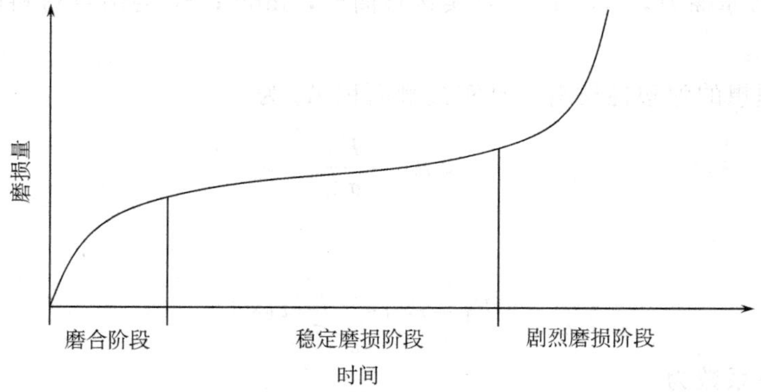

图 7-14　磨损的三个阶段示意图

根据磨损机理分类，大体上可概括为：①磨粒磨损，简称磨损，是外部进入摩擦表面的游离硬颗粒或硬的轮廓峰尖所引起的磨损；②疲劳磨损，也称点蚀，是由于摩擦表面材料微体积在交变的摩擦力作用下，反复变形所产生的材料疲劳所引起的磨损；③黏附磨损，也称胶合，当摩擦表面的轮廓峰在相互作用的各点处由于瞬时的温升和压力发生“冷焊”后，在相对运动时，材料从一个表面迁移到另一个表面，便形成黏附磨损；④冲蚀磨损，流体中所夹带的硬质物质或颗粒，在流体冲击力作用下而在摩擦表面引起的磨损；⑤腐蚀磨损，当摩擦表面材料在环境的化学或电化学作用下引起腐蚀，在摩擦副相对运动时所产生的磨损即腐蚀磨损；⑥微动磨损，是指摩擦副在微幅运动时，由上述各磨损机理共同形成的复合磨损。微幅运动可理解为不足以使磨粒脱离摩擦副的相对运动。

机械零部件的摩擦具有普遍性和不可避免性。摩擦引起发热、温度升高和能量损耗，导致接触表面物质的损失和转移，即造成接触表面的磨损。磨损使零件的表面形状和尺寸破坏，使机械的效率及可靠性降低，直至丧失原有的工作性能，甚至导致零件突然破坏。目前世界上工业领域中有 1/3～1/2 的能源以各种方式最终消耗于摩擦，机械零件的损坏约有 80%是由各种形式的磨损引起的。如果能够尽力减少无用的摩擦消耗，便可大量节省能源。另外，机械产品的易损零件大部分是由于磨损超过限度而报废和更换的，如果能控制和减少磨损，则既减少设备维修次数和费用，又能节省制造零件及其所需材料的费用。所以如何做到减小机械零部件的摩擦磨损对于工业的发展乃至于环境保护都至关重要。

7.5.2　类金刚石涂层在机械零部件上的应用

机械零部件的表面需要耐磨、润滑，同时制造这些零件的材料一般都是低温回火的碳钢或者合金钢（回火温度低于 200℃），这就要求涂层的时候温度一定要控制在 200℃以下。物理气相沉积制备的类金刚石（DLC）涂层恰恰是最理想的选择。类金刚石涂层不光具有合适的硬度（HV1200～3000），而且摩擦低（小于 0.15），同时是在低温进行涂层的。实践也证明，这是一种非常理想的机械零部件表面防护涂层。特别是汽车行业应用该技术将更为重要。因为目前汽车行业的长期压力是减少车辆的尾气排放，预计在未来几年，低排放的要求会更加严格。这将导致大力提倡使用新材料和新处理技术，以增加发动机和传动系统的效率。欧洲、亚洲和美洲各地政策决策者为未来的汽车时代制定新要求已不可避免。现代真空涂层技术是满足上述新要求的关键因素之一，DLC 未来作为汽车零部件表面处理对于推动汽车高新技术的发展将具有重要的意义。

1. 类金刚石薄膜介绍

类金刚石薄膜（Diamond-Like Carbon）是金刚石的 SP^3 杂化和石墨 SP^3 杂化两种结合键作为骨架构成的非晶态碳膜。简单地讲，由纳米级的金刚石和碳混合形成，金刚石占 20%～80%。由 SP^3 结合的金刚石和 SP^2 结合的石墨与 H（氢）组成的三元相图如 7-15 所示。

DLC 具有一系列类似于金刚石的性质，如硬度高、热导率高、摩擦系数小、耐腐蚀、宽光谱透过率高、抗激光损伤阈值高、耐辐射等。从本质上说，类金刚石涂层/镀膜等同于将金刚石与石墨成分在微观组织结构上结合，从而获得接近金刚石材料的硬度。无定形碳制成的 DLC 类金刚石镀膜比硬金属氮化物或由碳氢化合物制成的似碳金刚石镀膜硬得多，只能被天然金刚石刮擦磨损。Haikola 透露无定形类金刚石涂层磨损 1μm 的工况下，换成高硬度钢将磨损 1mm。如果采用类金刚石薄膜，现代机械结构中，大部分磨损都将得到有效控制。但是最主

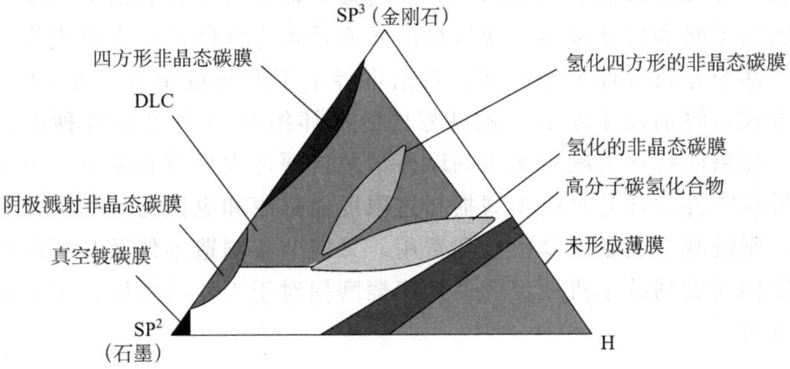

图 7-15　SP^3、SP^2 和 H 成分组成的 DLC 三元相图

要的例外在于活动件的扣死磨损尚未得到理想的解决。当处于超负荷运行状态时，润滑剂可能工作失效或者由于其他原因停止发挥作用，此时活动件的磨损将带来挑战。

同时 DLC 类金刚石涂层还具有极低的摩擦系数。在干燥的滑动条件下，对比钢的摩擦系数，其摩擦系数只有相应钢数值的五分之一，表明这种镀膜能作为永久的干燥润滑剂使用，不但进一步降低磨损提高工件寿命，而且还有利于节约能源消耗。一个量化的效率数字可以说明效果：与通常无镀膜钢制齿轮相比，采用类金刚石镀膜齿轮的摩擦系数降低 25%～30%。

类金刚石涂层还具有原子结构排布紧密的特点，避免了其他涂层内部微观结构中有较多空隙的缺陷。加上其主要成分为碳，无定形类金刚石具有抵抗酸和吸附剂的作用，化学稳定性极佳，在防腐和防止材料粘黏等应用上有良好的效果。

2. 类金刚石薄膜应用

类金刚石的特点，使其能够广泛地用于机械零部件行业，具体包括以下几类。

(1) 精密机械。包括精密轴承、纺织设备及零部件、压缩机螺杆、滑片、泵密封圈、叶片、缝制设备及零部件、弹簧片和精密传动机构。

(2) 工量具。包括卡尺、卡规、塞规和治具等。

(3) 医疗设备和器具。包括手术刀片、手术剪、心脏瓣膜、人工关节和血管支架等，如图 7-16 所示。

(4) 内燃机工业。包括燃料喷射系统（气门挺杆、柱塞、喷油嘴），动力传动系统（齿轮、轴承、凸轮轴）（见图 7-17），活塞部件（活塞环、活塞销）（见图 7-18、图 7-19），门扣锁，内饰等。

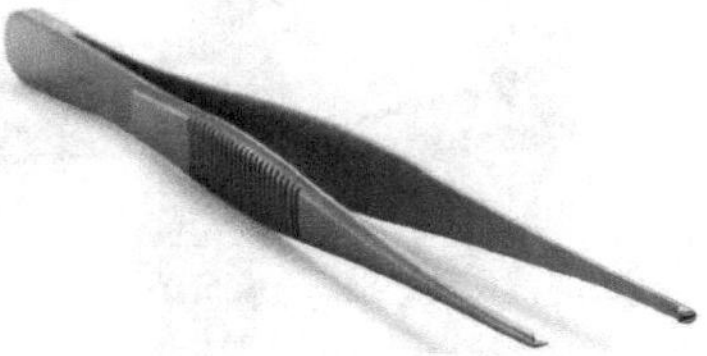

(a) 医用镊子

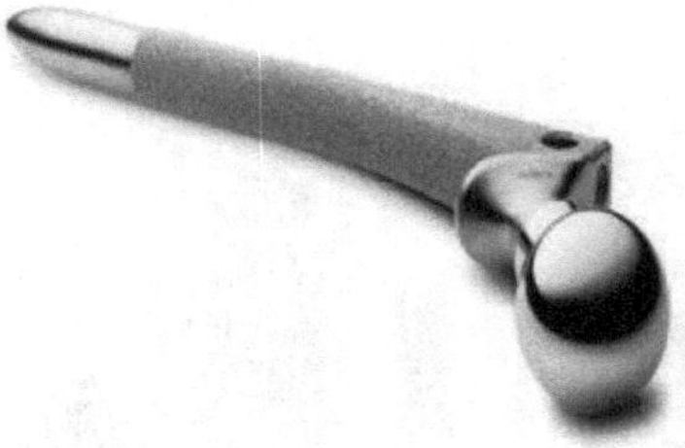

(b) 人工骨骼

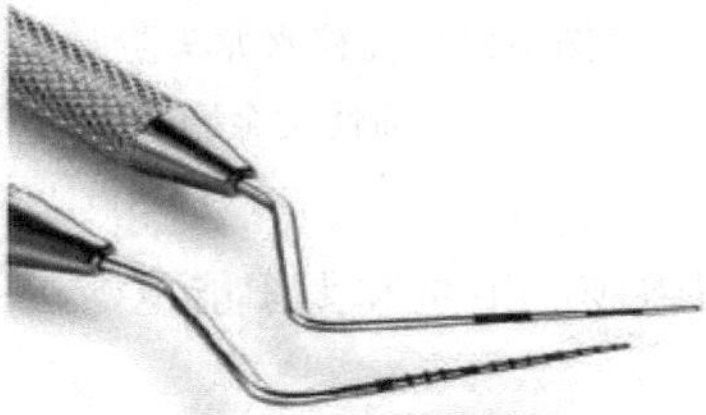

(c) 人体矫治器

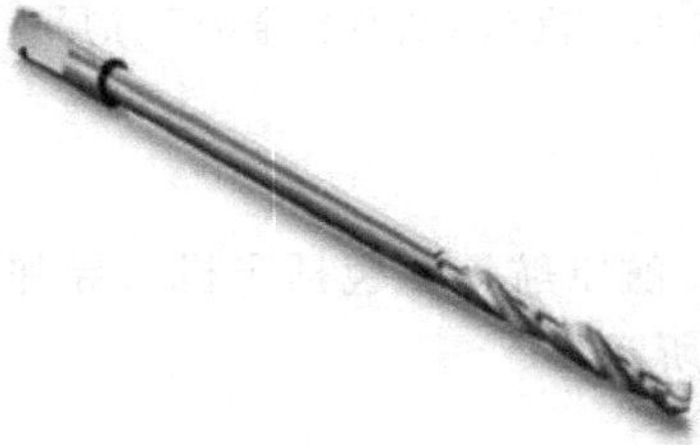

(d) 手术器械

图 7-16　医疗器械类金刚石涂层产品

(a) 单个斜齿轮

(b) 齿轮轴

(c) 啮合齿轮

图 7-17　动力系统类金刚石涂层

（5）娱乐健身。包括扬声器振膜、移动硬盘、光盘、高尔夫球具、自行车部件和剃须刀片等。

（6）光学。包括红外增透膜、减反射膜、玻璃镀膜、镜片镀膜、亚克力镀膜和保护膜等。

（7）装饰镀膜。包括手机外壳、高档手表、室内外五金卫浴产品和饰品等，如图 7-20 所示。

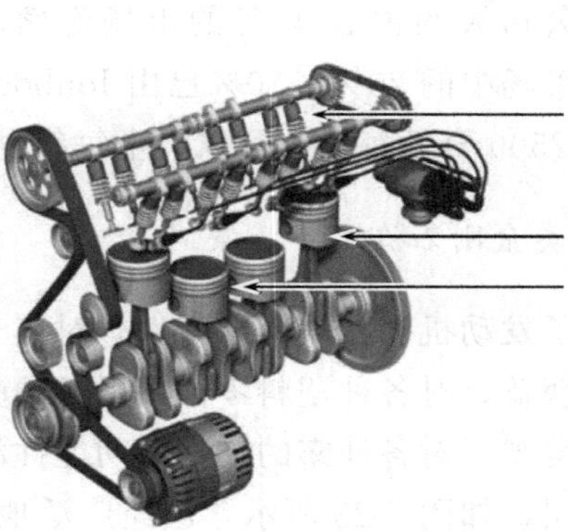

图 7-18　活塞部件类金刚石涂层

图 7-19　汽车零部件类金刚石涂层

图 7-20　高档水龙头防腐、耐磨、装饰性类金刚石涂层

(8) 航空航天。包括飞机、导弹整流罩镀膜、卫星和太阳能电池镀膜等，如图 7-21 所示。

图 7-21　飞机上的零部件类金刚石涂层

3. 类金刚石涂层市场案例一

目前中国市场每年对汽车涂层挺杆（见图 7-22）需求大约在 8000 万件每年。舍弗勒公司大约占有 40%的市场份额，有自主开发和制造涂层的能力。另外 60%的市场中的 20%～30%已由 Ionbond 和 HEF 两家公司开发和生产。剩余市场约为 2500 万件每年，可以产生每年过亿的销售额。

4. 类金刚石涂层市场案例二

除了发动机和传动系统零件，对汽车内部和车身的多个部件进行类金刚石涂层也可获益。对各种塑料零件饰以各种颜色的装饰性涂层能使其在整个寿命周期内保持美观。对各外露的零件做功能性涂层可以免除维护。对于汽车门锁的类金刚石涂层，如图 7-23 所示，已经广泛地被大众汽车公司应用于很多车型的高配车上。目前中国涂层市场仅大众汽车公司的需求量就约为 1000 万件/年，涂层的收益额是巨大的。

图 7-22　汽车挺杆类金刚石涂层

图 7-23　汽车门锁部件类金刚石涂层

7.6　PVD 涂层应用展望

PVD 涂层的优良性能，使其现在或者将来在汽车、航空航天、精密制造、光电行业等发挥越来越重要的作用。随着这种新材料、先进制造技术的不断发展和技术突破，也将对人类的环保事业作更多的贡献。

类金刚石薄膜作为一种新的功能材料，已经引起国内外学者的高度重视并且在很多方面得到了应用。类金刚石薄膜在硅太阳能电池中，主要研究它作为硅太阳能电池的减反射膜和保护膜以增加硅太阳能电池的光伏转换效率。另外，类金刚石薄膜在心脏外科的应用上也日渐得到重视。人工装置在人体内除了要完成其特定的功能，还直接与生物组织长期接触，可能出现一系列复杂的生物及化学物理反应，影响其完善性和产生对人体组织、血液、免疫等不良反应，造成新的疾病或痛苦。因此，材料的生物相容性已经成为开发新一代生物学人工装置的关键技术之一，越来越引起人们的重视。类金刚石薄膜在牙科方面也将获得广泛应用。牙科车针是口腔科最常用，使用量最大的小器械，但普遍存在耐磨性低、寿命短的缺点。类金刚石膜是一种非结晶的碳氢膜材料，具有良好的生物相容性、优异的耐磨性、极低的摩擦系数、高硬度及化学稳定性等优点，是一种具有广阔应用前景的医用薄膜材料。目前 DLC 膜工艺发展迅速，已逐渐从实验室研究向大规模应用阶段转变。

参 考 文 献

曹美蓉，魏仕勇，蒋雷，等. 2010. PVD涂层技术在冲压/成型模具中的应用及实例 [J]. 热处理技术与装备，31 (3)：34-38.

陈道勇，贾中华. 2012. $MoSi_2$ 涂层高温抗氧化性能和微观组织 [J]. 宇航材料工艺，(1)：100-104.

陈光华. 2002. 新型电子薄膜材料 [M]. 北京：化学工业出版社.

陈国平. 1993. 薄膜物理与技术 [M]. 南京：东南大学出版社.

陈平贵. 2009. PVD涂层与辅助工艺研究 [D]. 天津：天津大学硕士学位论文.

陈甥怡. 2009. 氮化钛硬质薄膜抗氧化性能研究 [D]. 成都：西华大学硕士学位论文.

程丙勋. 2007. 磁控溅射制备Al膜和Cu膜的结构与性能研究 [D]. 成都：四川大学硕士学位论文.

戴文斌，罗喜清，王学文. 1993. PVD工艺应用于硬质合金刀具 [J]. 国外金属热处理，14 (3)：18-19，25.

邸英浩，曹晓明. 2004. 真空镀膜技术的现状及进展 [J]. 天津冶金，123 (5)：45-48.

丁晓东. 2000. PVD法及其在模具中的应用 [J]. 机械开发，(3)：49-53.

董艺，范晓明，张荣华. 2010. 提高铝合金压铸模寿命的方法 [J]. 铸造技术，31 (9)：1209-1211.

傅小明，吴晓东. 2004. 硬质合金刀具涂层技术的研究进展 [J]. 江西冶金，24 (2)：32-36，45.

郭殿品，张尊礼，张凡云，等. 2005. 耐热扩散涂层在燃气轮机上的应用现状及趋势 [J]. 腐蚀科学与防护技术，17 (1)：59-62.

韩增祥，于慧臣，钟斌，等. 2011. 热障涂层的热疲劳试验方法 [J]. 燃气涡轮试验与研究，24 (1):42-46.

何炜. 2001. 从纯净的空间到纳米 [M]. 济南：山东教育出版社.

胡树兵，崔崑. 2001. 物理气相沉积TiN多元涂层和多层涂层的研究进展 [J]. 材料保护，34 (10):24-27.

胡兴军. 2008. 刀具表面涂层技术进展综述 [J]. 产品与技术，(6)：91-94.

黄选民，侯廷红，幸泽宽. 2009. 氮化钛涂层及其复合涂层的研究进展 [J]. 电镀与精饰，31 (2):12-15，21.

康光宇，张德元，耿漫. 2003. 表面处理技术在塑料模具上的应用 [J]. 机械工人（冷加工），(6)：29-32.

李金桂. 1999. 现代表面工程应用问题的探讨 [J]. 中国表面工程，45 (4)：8-10.

李庆生. 2010. DLC表面涂覆在模具中的应用 [J]. 模具工业，35 (4)：74-76.

李云奇. 1989. 真空镀膜技术与设备 [M]. 沈阳：东北大学出版社.

梁红樱，赵海波，王辉，等. 2007. 国内PVD技术应用与研究现状 [J]. 工具技术，41 (6)：33-36.

林松盛，代明江，侯惠君，等. 2006. 物理气相沉积（PVD）硬质薄膜及在工模具上的应用［J］. 模具工程，58-59（1-2）：63-67.
凌国伟，沈辉宇，周福堂. 1996. 阴极电弧沉积技术及其发展［J］. 真空，(1)：1-12.
刘逢博. 2011. 高温合金零件切削加工工艺研究与应用［J］. 制造技术与机床，(11)：97-100.
刘荣军，张长瑞，周新贵，等. 2003. 低温化学气相沉积 SiC 涂层显微结构及晶体结构研究［J］. 硅酸盐学报，31（11）：1107-1111.
刘宇. 1999. PVD 镀层在无润滑摩擦中的应用［J］. 国外金属热处理，(2)：9-11.
罗云，张孝吉，张荟星，等. 1996. 阴极真空弧放电等离子体的过滤及传输［J］. 北京师范大学学报：自然科学版，32（3）：334-337.
麻田立男. 2009. 薄膜制备技术基础［M］. 陈国荣等译. 北京：化学工业出版社.
倪兆荣，章文英，吴雄彪，等. 2002. PVD 涂层工艺在 M3 滚刀上的应用［J］. 工具技术，36（6）:29-31.
邵丽健，张敏，吴晓春. 2008. 磁控溅射 CrTiN 涂层和 PECVD DLC 涂层在银币压印模上的应用［J］. 热处理，23（5）：45-50.
沈旦声，张乃照，董鄂，等. 1990. 刀具 TiN 涂层的组织形貌及相组成［J］. 金属热处理，(4)：3-6.
唐伟忠. 1998. 薄膜材料制备原理、技术及应用［M］. 北京：冶金工业出版社.
王雄，吴学忠. 2006. PVD 溅射技术在 MEMS 器件制作中的应用［J］. 传感器技术学报，19（5）:1434-1436，1440.
王伊卿，吕反修. 2002. 金刚石气相沉积硬膜在工具表面的应用与发展［J］. 金刚石与磨料磨具工程，127（1）：29-34.
吴忠振，朱宗涛，巩春志，等. 2009. 高功率脉冲磁控溅射技术的发展与研究［J］. 真空，46（3）:18-22.
伍光凤，李晖，罗静. 2004. 提高塑料模具使用寿命的表面处理技术［J］. 热加工工艺，(6)：56-59.
奚维斌，张弘，朱英臣. 2003. PVD 涂层与未涂层硬质合金刀具切削力的对比试验研究［J］. 工具技术，37（7）：33-35.
谢宏. 2002. 切削刀具 PVD 涂层技术的发展及应用［J］. 硬质合金，19（1）：14-17.
谢祖华，李云姝. 2011. PVD 表面改性技术在模具上的应用［J］. 机电技术，(6)：87-90.
徐银超. 2011. PVD 涂层硬合金金的组织性能及其刀具切削性能研究［D］. 长沙：中南大学硕士学位论文.
严光能. 2008. PVD 技术在 CCL 中的应用研究［J］. 印制电路信息，(2)：28-31.
阎洪. 1996. 物理气相沉积的原理和应用［J］. 材料导报，(3)：26-29，45.
杨林生，王君，陈长琦. 2009. 硬质薄膜技术的最新发展［J］. 真空，46（6）：35-39.
尹龙承. 2008. 真空阴极弧制备纳米复合 Ti-Si-N 薄膜的研究［D］. 长春：长春理工大学硕士学位论文.
张飞，闫鹏勋，陈江涛，等. 2007. （$Ti_{1-x}Al_x$）N 硬质涂层的研究进展［J］. 人工晶体学报，36（3）:699-704，691.

张世伟. 2007. 真空镀膜技术与设备. 北京：化学工业出版社.
赵兴堂. 1992. PVD技术在冷挤压模具中的应用 [J]. 上海金属，14（3）：39-42.
郑伟涛，白晓明，安涛. 2004. 纳米多层膜和复合超硬涂层的研究进展 [J]. 吉林师范大学学报：自然科学版，(2)：1-7.
周彬. 2004. PVD技术在刀具上的应用和发展 [J]. 机械管理开发，77（2）：38-40.
周革华. 2012. DLC涂层应用于活塞环 [J]. 内燃机与配件，(4)：26-27，34.
周彤. 2002. 刀具涂层技术的应用 [J]. 机械工人（冷加工），(9)：22-25.
Aslantas K, Ucun I, Cicek A. 2012. Tool life and wear mechanism of coated and uncoated Al_2O_3/TiCN mixed ceramic tools in turning hardened alloy steel [J]. Wear, 274-275: 442-451.
Guo C, Chen J M, Zhou J S, et al. 2012. Effects of WC-Ni content on microstructure and wear resistance of laser cladding Ni-based alloys coating [J]. Surface & Coatings Technology, 206: 2064-2071.
Hervé D, Fabrice P, 高军. 2005. PVD/PECVD技术在模具工业上的应用 [J]. 模具工程, 49 (4):55-58.
Hochauer D, Mitterer C, Penoy M, et al. 2012. Carbon doped α-Al_2O_3 coatings grown by chemical vapor deposition [J]. Surface &Coatings Technology, 206: 4771-4777.
Hosokawa A, Shimamura K, Ueda T. 2012. Cutting characteristics of PVD-coated tools deposited by unbalanced magnetron sputtering method [J]. CIRP Annals-Manufacturing Technology, 61: 95-98.
Jerzy M, Justyna G, Ryszard M, et al. 2013. Relation between microstructure and hardness of nano-composite CrN/Si_3N_4 coatings obtained using CrSi single target [J]. Vacuum, 90: 170-175.
Kocaefe D, Saha S. 2012. Comparison of the protection effectiveness of acrylic polyurethane coatings containing bark extracts on three heat-treated North American wood species: surface degradation [J]. Applied Surface Science, 258: 5258-5290.
Martan J, Bene P. 2012. Thermal properties of cutting tool coatings at high temperatures [J]. Thermochimica Acta, 539: 51-55.
Piao Z Y, Xu B S, Wang H D, et al. 2012. Investigation of acoustic emission source of Fe-based sprayed coating under rolling contact [J]. International Journal of Fatigue, 47: 184-188.
Riedl A, Schalk N, Czettl C, et al. 2012. Tribological properties of Al_2O_3 hard coatings modified by mechanical blasting and polishing post-treatment [J]. Wear, 289: 9-16.
Rossi S, Fedrizzi L, Mleoni, et al. 2008. PVD法304不锈钢基体表面（Ti, Cr）N和Ti/TiN涂层的磨损腐蚀行为 [J]. 国外核动力，1：48-53.
Sangiovanni D G, Chirita V, Hultman L. 2012. Toughness enhancement in TiAlN-based quarternary alloys [J]. Thin Solid Films, 520: 4080-4088.
Von Engel A. 1965. Ionized Gases. Oxford: Oxford University Press.

Weirather T, Fian A, Sartory B, et al. 2012. Duplex processing for increased adhesion of sputter deposited Ti-XAlX coatings on a Fe-25%Co-15%Mo tool material [J]. Surface & Coatings Technology, 206: 3601-3606.

Yasuoka M, Wang P P, Murakami R. 2012. Comparison of the mechanical performance of cutting tools coated by either a TiCXN1-X single-layer or a TiC/TiC0. 5N0. 5/TiN multilayer using the hollow cathode discharge ion plating method [J]. Surface & Coatings Technology, 206: 2168-2172.

Yoshio H, Shingo K, Junya I, et al. 2012. Performance evaluation of TiN duplex coated alloy tool steel sliding against an aluminum alloy under a transfer condition [J]. Tribology International, 54: 87-93.

Yucel B. 2013. Sliding wear of CrN, AlCrN and AlTiN coated AISI H13 hot work tool steels in aluminium extrusion [J]. Tribology International, 57: 101-106.

Zhu H Y, Niu Y R, Lin C C, et al. 2013. Microstructures and tribological properties of vacuum plasma sprayed B_4C-Ni composite coatings [J]. Ceramics International, 39: 101-110.

靶材发展与应用幻灯片（完整版）（1）[EB/OL]. http://wenku. baidu. com/view/2504a142c850ad02de8041a8. html.

薄膜沉积 PVD 和 CVD [DB/OL]. http://wenku. baidu. com/view/166ad33d580216fc700afdf6. html.

超晶 PVD 涂层技术在刀工具上的应用 [DB/OL]. http://wenku. baidu. com/view/d9 147548f7ec4afe04a1dfd0. html.

刀具涂层技术的现状及其发展趋势 [DB/OL]. http://wenku. baidu. com/view/a04d89340b4c2e3f57276351. html.

刀具涂层技术的新进展 [DB/OL]. http://wenku. baidu. com/view/b533763e580216fc700afdb2. html.

刀具涂层技术的新进展 [DB/OL]. http://www. hqew. com/tech/news/236041. html.

刀具涂层技术的应用 [DB/OL]. http://www. doc88. com/p-994345122906. html.

第 17 章 薄膜材料的评价表征及物性测定 [DB/OL]. http://wenku. baidu. com/view/09e9adfe700abb68a982fbeb. html.

第 2 章 薄膜的物理气相沉积 [Ⅰ] [DB/OL]. http://ishare. iask. sina. com. cn/f/23523097. html? from=isnom.

第 2 章 机械零部件的摩擦、磨损与润滑 [DB/OL]. http://wenku. baidu. com/view/b75edb18a300a6c30c229f3e. html.

第 3 章 薄膜的物理气相沉积（Ⅰ）——蒸发法 [DB/OL]. http://wenku. baidu. com/view/f6b9d3886529647d272852b1. html.

第 4 章 薄膜的物理气相沉积（Ⅱ）——溅射法 [DB/OL]. http://wenku. baidu. com/view/75f0176e1eb91a37f1115cb1. html.

第 4 章 机械零件的摩擦、磨损、润滑及密封 [DB/OL]. http://wenku. baidu. com/view/

28f1cc3731126edb6f1a10fb. html.
第 5 章　物理气相沉积 [DB/OL]. http://wenku. baidu. com/view/bd64d4ed4afe04a1b071de2c. html.
第 8 章　射频溅射技术 [DB/OL]. http://wenku. baidu. com/view/eb6abf6825c52cc58bd6be1d. html.
电子束蒸发 PPT [DB/OL]. http://wenku. baidu. com/view/819daf00cc17552707220862. html.
国内注塑模发展现状和趋势报告 [DB/OL]. http://wenku. baidu. com/view/c702cf4bc850ad02de8041a0. html.
类金刚石薄膜的研究 [DB/OL]. http://wenku. baidu. com/view/2a8490dece2f0066f5332289. html.
类金刚石涂层拓展汽车零部件使用寿命（1）[DB/OL]. http://wenku. baidu. com/view/cc6e3390dd88d0d233d46a8c. html.
扫描电镜应用之：切削刀具表面涂层工艺及失效 [EB/OL]. http://coxem2010. blog. 163. com/blog/static/16510375720101019101232588.
山特维克-金属切削基础及刀具应用 [DB/OL]. http://wenku. baidu. com/view/52ca711aa8114431b90dd8c2. html.
涂层刀具的发展与应用（NXPowerLite）[DB/OL]. http://wenku. baidu. com/view/96e363ece009581b6bd9ebaf. html.
涂层耐磨性检测-漆膜耐磨性检测-试验方法与测试仪器-科标 [DB/OL]. http://wenku. baidu. com/view/1a01a1343968011ca3009132. html.
瓦尔特刀具资料 3 [DB/OL]. http://wenku. baidu. com/view/63330106eff9aef8941e0601. html.
我国类金刚石薄膜主要制备技术及研究现状 [DB/OL]. http://wenku. baidu. com/view/2b5fd6ec81c758f5f61f6794. html.
物理气相沉积 [DB/OL]. http://wenku. baidu. com/view/483748c46137ee06eff9183f. html.
压铸模具课件——第 1 章　绪论 [DB/OL]. http://www. doc88. com/p-430722025403. html.
压铸模具课件——第 2 章　压铸机 [DB/OL]. http://wenku. baidu. com/view/a174e9fc0242a8956bece45a. html.
张以忱. 培训系列之 7：真空镀膜技术基础 [DB/OL]. http://wenku. baidu. com/view/41edaf14a2161479171128dc. html.
真空镀膜技术——new [DB/OL]. http://wenku. baidu. com/view/7542ec0c844769eae009ed97. html.
真空镀膜技术文摘——Fixed [DB/OL]. http://wenku. baidu. com/view/042f984633687e21af45a967. html.
注塑模具简介 [DB/OL]. http://wenku. baidu. com/view/b0d0a785b9d528ea81c77999. html.
11. 1　非晶态固体的结构 [EB/OL]. http://wenku. baidu. com/view/9eb214da76a20029bd642d3e. html.
2010 年全球最新汽车技术盘点 [DB/OL]. http://wenku. baidu. com/view/6502a4235901020207409cc6. html.

DLC 材料发展 [DB/OL]. http://wenku. baidu. com/view/19a423c38bd63186bcebbc62. html.
PVD 技术 [DB/OL]. http://wenku. baidu. com/view/647d36d333d4b14e852468f2. html.
PVD 讲义 [DB/OL]. http://www. doc88. com/p-158267486823. html.
PVD 涂层知识 [DB/OL]. http://wenku. baidu. com/view/f6703a46a8956bec0975e38b. html.
PVD 知识整理 [DB/OL]. http://wenku. baidu. com/view/7766b014f18583d049645953. html.
X 荧光光谱法（XRF）[DB/OL]. http://wenku. baidu. com/view/114ccc8271fe910ef12df820. html.